翻轉學

翻轉學

翻轉學

翻轉學

談判絕學

「世界談判之神」
華頓商學院最受歡迎的教授

豊福公平——著
賴祈昌——譯

【暢銷新裝版】

すごい交渉術

目錄 CONTENTS

第1章

「超級談判術」跟你想的不一樣

第2章

談判講究「準備」

第3章 談判講究「順序」

第4章

談判講究「習慣」

第5章

談判講究「人格魅力」

好評推薦

「『七分聊天，三分攻堅』是我常用的談判策略，戴蒙親自傳授的談判絕學，會有比我更精闢的談判實戰切入點。」

——謝文憲，《商業周刊》專欄作家

「談判是交換、是貢獻、是照顧、是同理！談判好壞，輸贏立判！」

——羅建仁，卓越人生企管顧問（股）總經理

前言 活用「談判術」，為自己爭取優勢

情境1

你在高速公路開車時，因疑似超速被警車攔下，你會如何和警察談判呢？

情境2

當你準備搭機前去簽訂攸關公司命運的重要契約，但飛機卻因風雨交加而突然停飛。如果今天無法抵達目的地，公司就會面臨倒閉。此時，你該如何與機場的勤務人員協商呢？

情境3

你和朋友在鬧區的酒吧喝酒，一杯摻水的威士忌居然要價三十萬日圓（約台幣七萬七千元），此時，你有勇氣和黑店的流氓老闆談判嗎？

學會談判，輕鬆解決任何難題

假如碰到上述狀況，你打算如何處理？你該怎麼和他們談判？還是只能安慰自己「吃虧就是占便宜」？

我會選擇與他們談判，並讓問題迎刃而解。我必須事先聲明，自己並非拳頭大、也不是靠特權，我只是個普通的生意人，但是，我懂得善用「談判」，克服眼前的困境。

為什麼我擁有這種本事？因為我精通「超級談判術」。**「超級談判術」的過人之處在於任何場合都能派上用場，而且適用於各種對手。**不僅如此，「談判術」甚至能為你的人生帶來巨變。

託「超級談判術」的福，我已經大幅提升人生的優勢；現在，你也有權決定是否學習並運用這套談判技巧。

最重要的是，傳授我這項驚人密技的人，就是備受全世界各大企業推崇的「談判之神」——華頓商學院的史都華．戴蒙教授。

序章

逆轉人生的「超級談判術」

「超級談判術」的武器就是「真正的自己」，與你的經歷、年齡、性別，甚至頭銜都毫無關係。

——豐福公平，日本業務之神

改變人生的驚人「談判術」

看到「談判」二字，你腦中會先想到什麼？

「情勢必須對自己有利，而且絕對不能輸！」

「洞悉對手想法，是突擊弱點的心理戰。」

「『談判』是所有商場高手的必備技能。」

你是否一想到「談判」就十分緊張，光憑想像就能感受到劍拔弩張的氣氛？「談判」彷彿像是「一決生死」，而且在高度壓力下，腦中還得不斷思考該如何與對方應對，才能讓自己一直處於優勢。因此，基於這些刻板印象，很多人都認為自己不擅長談判。

「必須聰明過人，才能立刻反駁對方的說法。」
「有時態度得夠強勢，才能達到威嚇對手的目的。」
「態度要沉著穩重，以免被人看輕。」
「說話技巧邏輯須毫無破綻，不能給對方辯駁的機會。」

普羅大眾都認為「談判」應該具備前述條件，再加上自己太客氣，無法展現出強硬態度，根本無法進行談判。除此之外，東方人並不習慣在他人面前侃侃而談，表達自己的想法。主要原因是日本和美國不同，學校普遍缺乏演講或簡報的課程，即使有興趣也求學無門。（編按：台灣的學校過去也甚少開設口語表達的相關課程，近年才漸受重視。）

換言之，無論學校或職場，都沒有專人或機構專門教授「說話」或「表達」技巧，不懂得如何談判也是理所當然的。

不過，曾在職場上歷練過的人就會明白，「順利談判」是非常重要的一件事。**即使在日常生活中，也充滿需要談判的場合。因此，學會談判技巧不僅能讓工作順利、避免許多麻煩，甚至能為人生帶來更大的優勢。**如此一來，想必很多職場人都希望自己能更懂得如何與人談判。

改變工作運，學會「談判」是第一步

為了讓自己更明白談判的訣竅，我透過不斷嘗試來累積經驗：先前曾在知名壽險公司當過業務員，之後自立門戶，大家都覺得我是「業務專家」或「談判高手」。事實上，在進入壽險公司之前，我所從事的工作與業務毫無關聯。

我當時在機動性質的消防急救隊服務，通稱「超急救難隊」——這是消防工作中最辛苦的其中一種，必須具備特殊的技術。工作時，瞬間的判斷都可能影響救災對象、自身及同伴的性命安危。也因為一直與危險為鄰，何時會喪命都無法預測，我的身心開始感到倦怠，覺得自己已經到達不堪負荷的極限。

因緣際會下，我遇見一位非常頂尖的保險業務員，我十分崇拜他。為了讓自己重新蛻變，我決定轉換跑道，毅然決然地為四年半的消防隊員生涯劃下休止符，並進入東京知名的壽險公司工作；由於消防急救隊的工作讓我深深體會生命的重要，所以決定從事生涯規畫師一職。

談判方式錯誤，斷送人脈和前途

當我滿懷抱負地來到東京，進入知名的壽險公司工作時，完全沒料到等待我的竟是殘酷的現實。

我與同期的頂尖業務員，第一個月業績的差距就相當懸殊，對方擁有超過一千位顧客名單，並與大企業建立良好的基礎關係；相較之下，我在東京只認識二十個人。實際上，也因為自己過度自信，每天都感到相當挫敗。不僅拓展客戶不得要領，在外跑業務時，也時常呆坐在百貨公司的樓梯間，不知該如何是好。萬分挫敗的我，當時滿腦子只想著就算拚命也要做出成績，其他事情都不想管。

「一副乖乖牌、唯唯諾諾的樣子怎麼行？談生意必須靠氣勢和毅力！」

「總之，無論是誰我都要緊緊抓住。」

於是，我將所有認識的人都當成客戶，不斷拜託他們與我簽約；對新顧客也極盡說服之能事，不僅以三寸不爛之舌說得口沫橫飛，還加上死纏爛打的功夫，所有能做的事情我都嘗試了，許多人因為拗不過我而妥協簽約。

對當時的我而言，談判就是「一決勝負」；不光是和顧客、競爭對手，甚至和自己都要爭個你死我活，最重要的就是絕對不能輸！

「戰勝對方」是我以前談判時唯一的目標，在日以繼夜為了提升業績奔走後，我找到自己的一套做法，不久後便交出一張看似漂亮的成績單。

為了不被他人瞧不起，我穿上高級西裝、以頂級轎車代步、出入所費不貲的高級場所，太太甚至曾對我說：「你好像變了，眼中只有錢。」

此外，老朋友雖然買了我的保單，卻對我說：「你難道沒有感覺自己變得很討人厭嗎？」

談判時只想「拚輸贏」，最容易被淘汰

其實，那時的我早已察覺到些許端倪，但為了打腫臉充胖子，我選擇繼續戴面具。每天只想著如何贏過對手、獲取最大利益。當業績好不容易提升、也獲得長官及同事的肯定時，我卻開始討厭自己。

「與人相處時總是想一爭高下，我已經受夠了！」這是我的真心話。

轉換跑道重新奮鬥，努力做出成績，卻換來家人與朋友的責備，這讓我感到身心俱疲，對未來的焦慮感也與日俱增。

我的目標是自立門戶當保險經紀人，但這種「一決勝負」的經營方式，顯然將在不久的未來被淘汰，我如此分析自己：

「現在看起來很厲害，只不過因為我是『知名』保險公司的員工。」

「當我拿掉知名保險公司的光環，以個體戶獨立經營時，還有多少人願意信任我呢？」

「這樣下去不行！」

「但又不知道怎麼做才正確？」

老實說，我一點信心也沒有。迷惘之中，我仍然選擇自立門戶；而遺憾的是，我的顧慮果然成真。卸下知名企業的光環後，客戶人數頓時驟減。

「難道是我用錯談判方式了嗎？」我突然有種「恍然大悟」的感覺，也因此受到偌大打擊，好似自己以前的努力都遭到否定一樣。

不知道該如何是好的自己，心中甚至萌生換工作的念頭。被逼上絕路的我，徬徨地站在人生的十字路口……。

談判之神親自傳授，改變一生的「超級談判術」

然而，那段低潮痛苦的日子，卻開啟了我與「超級談判術」的相遇契機。在一次偶然的機會下，朋友向我提起史都華・戴蒙教授（Stuart Diamond）的談判思想：

❶「談判」能夠改變人生。

❷你必須忠於真實的自己。

❸重視對方更勝於自己。

❹重點不在於贏過對方。

當我聽完後，興奮得無法自抑，而且史都華．戴蒙教授的談判理論已普及至谷歌（Google）與微軟（Microsoft）等國際知名企業，甚至世界銀行與聯合國等國際組織。

「這就是我苦心尋找的談判術！」

「原來我長年追求的談判術，正是世界頂級的談判術！」

我心目中的「談判之神」——史都華．戴蒙教授，不但是談判專家，同時還兼具律師、企業家等頭銜。不僅如此，他在美國賓州大學華頓商學院ＭＢＡ課程中開設的談判系列講座，已連續十五年蟬聯最受歡迎的課程。

「真想向談判之神請教！」「無論去哪都行，我想當面和他對談！」心中突然湧現這些念頭的我，不斷思索如何才能見戴蒙教授一面，碰巧當時他即將於上海舉辦研討會，於是我立刻決定參加，並迅速購買機票飛往上海。

上海的研討會會場，聚集了來自世界各地的人，大家都殷切期盼能一睹戴蒙教授的風采；十分幸運地，我在會場走廊偶遇「談判之神」戴蒙教授。一路上有許多人向他打招呼，但是他並未一一回應，只是默默往前走。即使如此，我仍認為眼下是與他交談的絕佳時機，因而緊跟在後，並在洗手間門口等待他。當他走出洗手間時，我便迅速向前用英文向他說道：「為了向您請教，我特地從日本來到上海！」出乎意料地，他並未作出任何回應，仍依原路走回休息室，宛若什麼事都沒發生，而我只能尷尬地站在原地。

談判之神帶給我的「震撼教育」

我想這是戴蒙教授要教我的其中一個道理：「**生活中無時無刻都需要『談判』，如果想與我對談，也請透過『談判』達成目的。**」我研究了他的談判理論後，終於清楚了解他在語言之外釋放的訊息，而戴蒙教授當時在研討會所談論的各種談判思維，讓我更加確信這正是我不斷尋求的「超級談判術」。

此後，我運用「談判術」達到與他交談的目的，並且幸運地蒙受他的直接教導。不得不說，他的思維大大改變我的人生。運用戴蒙教授傳授的技巧進行談判後，我竟然成功與擁有六萬名員工的大企業簽約。以前任職於壽險公司時，從未想過自己能夠談成這麼大的案子，接洽的客戶數也急遽增加。順帶一提，我去年簽下的案子約有三萬件，連我都感到驚訝萬分。不僅如此，除了保險外，我的事業版圖亦拓展至不動產、人才教育、美容等領域。

現在，我的身邊聚集許多與我志同道合的優秀員工，心靈也十分充實，也有更多時間和家人好好相處，這和業務員時期相比真是大相逕庭。沒想到「談判」居然能為我的人生帶來如此巨大的改變，職場優勢也獲得巨幅提升。

善用「談判術」，業績、收入大幅提升

本書收錄我在戴蒙教授身上學到的談判精華，特別適合商場上的戰將們閱讀。由於是精華，因此每一項都相當實用，而且隨時能派上用場。

第一章「超級談判術」的基本觀念及其魅力所在。

第二章 從實際角度切入重點——談判講究「準備」。

第三章「超級談判術」的五大關鍵——談判講究「順序」。

第四章 如何將「談判」落實於日常生活——談判講究「習慣」。

第五章「談判」豐富你的人生——談判講究「人格魅力」。

本書不會像教科書一樣，一板一眼地指示讀者：「對方若從這裡切入，我們就該如此反擊」、「他這麼說，我們就那樣反駁」。

因為戴蒙教授曾經說過，世界上不可能有「完全相同的談判情境」。

首先，戴蒙教授表示：「電視戲劇中的談判劇情全是錯誤的。」那些動之以情的好言相勸、以心理戰術誘敵欺敵；或是內心堅強、絕不輕言放棄的韌性、威懾對方的氣勢等，真正的「談判術」完全不需要。

嚴格來說，「超級談判術」的武器就是「真正的自己」，與你的經歷、年齡、性別，甚至頭銜都毫無關係。我也堅信這本書介紹的每一個主題，都能夠提升你的業績，進而改變你的人生。

我自己也曾經在職場上遇到瓶頸、走錯路，因而後悔萬分；不過，現在的我卻充滿信心，能與公司同仁們在職場上一起奮鬥，獲得人生的快樂——這些都是「超級談判術」帶給我的無價財富。

「超級談判術」是實現理想的金鑰

簡言之，史都華．戴蒙教授的談判思想，現在已成為一種世界標準，不必擔心自己對談判一竅不通，因為本書介紹的「超級談判術」，絕對和你懼怕的刻板談判法南轅北轍，而且「超級談判術」還能為你實現以下夢想：

❶ 提升業績。

❷ 大幅增加收入。

❸促進溝通，進而建立人脈。

❹享受「談判」為生活帶來的附加價值。

❺奠定、鞏固良好的人際關係基礎。

或許還有許多連帶的影響，在此無法一一條列，但我堅信你的人生必定會產生很大的變化，因為這就是「超級談判術」之所以令人歎服之處。

第1章

「超級談判術」跟你想的不一樣

談判的世界並不是「爭輸贏」，談判是為了「達成目標」，絕非「擊敗對方」。

——豐福公平，日本業務之神

勝利不是談判的終極目標

放下過時觀念，是強化談判力道的第一步

作者：這次談判的對象十分難纏，讓他點頭答應似乎並不容易，但我不能認輸。況且，公司也交代「無論如何都要簽下來」，所以我必定會竭盡所能爭取。

戴蒙：談判過程中，你是否一心只想著「贏過」對方呢？

作者：當然！我一定會將話題引導至對自己有利的局面；畢竟談判就是一爭高下，也可說是場殊死戰。

戴蒙：你的談判觀念已經過時了！

作者：過時？「談判」也有新潮或傳統的差別嗎？再者，「輸贏」是不分新舊的！

戴蒙：不對，我不知道你周遭的公司前輩或同事如何看待「談判」這件事，但是假如你因為他人的影響，認為「談判等於一決勝負」，我奉勸你立刻拋開這種想法。

作者：你說談判不是「輸贏之爭」？這樣豈不是太天真了？

戴蒙：那倒未必，**目前最受推崇的談判術並不會將「勝負」當作目標**，因而充滿力量，並擁有提升幸福感的能力。

談判 Key Point 攻心術

擺脫「輸贏觀念」的束縛，紓解患得患失的壓力，自然能夠爭取你想要的。

1 身段越柔軟，談判越有力

態度強勢、霸道的談判方式，終將被淘汰

「無論如何，我都要爭取到這份合約！」

「我必須在談話過程中占上優勢！」

「我要拚命挑戰，因為談判就是場對決！」

當你身處業務最前線時，這些字句應該宛如洗腦般不絕於耳吧？職場上，隨時都會面臨需要談判的場合，尤其是業務員向顧客推銷自家商品或服務時更是如此。換言之，「談判」就等同於業務員的工作。

強迫、說服的方式，無法建立長期合作的關係

「我憑藉『氣勢』簽下契約！」
「幹掉對手，把客戶攬下來！」

過去的日本商場上，這種態度象徵「能幹的企業戰士」、「優秀業務員」。我以前任職於知名保險公司時，提升業績的方式也曾是「一決勝負」、「絕對不能輸」，抱持必死的決心與客人談判，唯一的目標就是「拿出好成績」。

公司的態度是「以客為尊」，聽起來很客氣，但是對於急欲立下功績的我而言，順利簽約才代表「談判成功」；若沒簽成，即為「失敗」。

極端來說，當時的我認為業務員的工作就是「說服顧客」，絕不容許對方有拒絕的機會。

不過，這種憑藉氣勢與毅力、將對方逼到死路，使之無法拒絕的談判方式早已過時。

本書介紹的「超級談判術」，與當前日本商場的主流——「一決勝負」，即我過去所使用的談判方式完全相反。（編按：受歷史文化等因素影響，台灣有不少的企業文化與日本相近，不過近年已逐漸轉型中。）

「超級談判術」開創商機，建立自信

所以，假如你的個性並不強勢，為人處世又很溫和客氣，你再也不必認定自己「不適合談判」。

只要掌握重點，並將正確做法及步驟銘記於心，任何人都能在談判中獲得極佳效果。無庸置疑地，這也將大幅提升你的職涯成績。

傳授這套談判方法給我的人，正是國際知名的談判專家，同時也是為許多績優企業、世界銀行甚至聯合國提供談判策略建議的「談判之神」——史都華・戴蒙教授。

他是世界知名學府賓州大學華頓商學院的教授，所開設的ＭＢＡ課程已連續十五年蟬聯最受歡迎的課程。他的「超級談判術」讓世界菁英齊聚聽講，我也在戴蒙教授的課程中受到極大震撼，並獲得漂亮的成果。

戴蒙教授傳授給我的「超級談判術」，完全不必依賴氣勢、毅力或打倒對手的競爭意識，而是自然又愉快，任何人都做得到，運用十分單純的方式，便能在商場上獲得相當卓越的效果。這套方法幫助我在談判場合中屢創佳績，更擁有了最大的財富，就是「談判失敗也無妨」的自信。

「談判不是『一決勝負』。」

「以前的談判方式已經過時了。」

請各位務必牢牢記住這二點。

2 談判重點在於達成目標，不是擊敗對方

盲目求勝，換來滿盤皆輸

職場上經常會聽見「雙贏」、「重點在於對雙方皆有利」，這麼說一點也沒錯。然而，一旦我們有機會上談判桌，很容易忘記雙贏的概念。

如果你還抱持傳統談判術中擊敗對方才是成功的「單贏」想法，認為一決勝負就是商場上的殘酷現實，這樣想也無可厚非。

然而，「超級談判術」的目標絕非「擊敗對方」，而在於創造「雙贏」，使雙方都能夠獲利，這可說是超級談判術的基礎。

換言之，無論你想獲得多少好處、渴望占據何種優勢，都必須與對方建立良好的關係，否則便不符合「談判順利」的條件。

高明的談判，和「聊天」一樣輕鬆

例如談生意時，你費盡唇舌說服對方購買商品，從短期來看或許是成功的交易；但假如對方事後不滿意商品，認為自己受騙，那麼無論對公司或你個人都會產生負面評價。

就我而言，追求「一方獲利，另一方失利」這種單贏的關係，是件非常辛苦的差事，幾近徒勞無功。為什麼呢？這是因為「非贏不可」的心態所造成的莫大壓力。

假設眼前有一位男性，試想看看，與他交談並擊潰他的論點，或是在交談中了解對方，哪一種結局比較「輕鬆」呢？答案相當顯而易見。談判的目的當然不是「以輕鬆的心情談天」，但是像「單贏」這種幾家歡樂、幾家愁的談判方式實在很累人。

或許有人認為：「職場就是如此現實，非贏即輸，『雙贏』的想法太過天真了。」甚至主管也曾這樣對你說過。

但假如真實的談判世界並非如此，豈不是讓人既輕鬆又愉快？

事實上，再說得更清楚些，談判的世界並不是「爭輸贏」。那談判究竟是怎麼一回事呢？我們到底為何而「談判」？再次提醒各位，談判是為了「達成目標」，絕非「擊敗對方」。

3 談判前，牢記你的目標

掌握目標，短期失利也能造就長遠的成功

許多商管類書籍都提過訂定「目標」的重要性，並將達成目標列為行動的綱領；其實，「確立目標」也是談判的首要之務。

「談判時，最重要的就是目標」、「為了達成目標，才需要談判」，若沒有上述認知，便無法坐上談判桌。

所謂的「目標」又是指什麼呢？我認為目標就是「獲得想要的事物」。

購物時，我們也會有「目標」，例如「天氣冷，該買件毛衣了」、「我要去買晚餐的食材」等，我們很清楚自己的目標。換句話說，若已有明確目標，就無須煩惱該至何處購買，或不慎產生「衝動購物」的脫序行為。

讀書的時候，若有明確的目標，就會很清楚自己要讀哪本書。如果你知道自己正在讀的書無法幫助你達成目標，就該立即放下它；換言之，當書上沒有自己想知道（想要）的內容時，就應該開始尋找其他書籍。

目標不明確，談判就是浪費時間

談判也是如此。「我想要什麼？」「我想透過談判得到什麼？」若在毫無目標的狀態下就與談判對象接觸，便只是浪費時間和對方聊天而已。

另外，**避免「看錯目標」也很重要**。例如雙方交涉後，即使我方接受較不利的條件，但假如我方的目標是「與對方打好關係」，那麼談判的結果便不算失敗。

另外，請根據目標而定，有時就算沒有當場談出結果也無妨。

換句話說，當目標是「提升部門業績」時，就要等待對方（公司）的成長，而非為了眼前的利益而急於簽約、拿案子。

我們可以計畫在此期間維持良好關係，待日後再一舉簽下利潤更高的大案子。此時的談判（談生意），若先考量我方真正的目標（提升部門業績），就應著重於「建立良好關係」，避免急於爭取短期利益。

如同前述，我們必須從短期與長期來思考目標。談判的目標，即你所想要的事物應該不盡相同。同理，當你想獲得對方信任，或想立刻簽下案子，你和對方的談話內容也應有所不同。

這場談判中，你究竟想要什麼？在你確立目標之前，所有的談判皆屬徒勞無功。

4 聚焦在對方，暫時遺忘自己

站在對方的立場思考，談判就成功一半

前文中曾經提過，當年我任職於知名壽險公司時，整天忙於「一決勝負的談判」。

「不能被對方看不起。」

「不打腫臉充胖子就無法占優勢。」

抱持這樣想法的我，身穿名牌服飾、手戴名錶、開名車，總是繃緊神經隨時應戰，以便讓自己看起來像個「大人物」。

當然，我也具備專業領域（壽險）的知識，無論對方提出什麼問題，我都能立刻應答如流、毫無破綻，我的理論邏輯也無可挑剔。

「你是全公司最了解保險的人。」
「我就是這麼能幹。」
「所以聽我的話才是正確的！」

眾人的評語使我心花怒放，說起來，我當初正是追求這種模式。
然而長久下來，這種拉業務（談判）的方式，卻碰到瓶頸。

「這傢伙滿口只談自己。」
「不要再講你們公司的保險有多好了。」
「自以為是，感覺真討厭。」
「他根本沒認真聽我的意見。」

別人曾對我抱持上述的想法，雖然自己也稍有感覺，但既然這種「半強迫」的方式能提升業績，我也不甘心放手；好不容易才把自己塑造成厲害、強悍、毫無破綻的形象，別人卻對我不以為然。

永遠把「對方」放在第一順位

「這種情形要持續到何時呢？」這種心情在我創業後依然揮之不去，令我感到十分疲憊。

然而，戴蒙教授的一番話卻深深打動我的心：**「當你考慮到『談判對象』時，別忘了『自己』是最無足輕重的人。」**

「所以談判時，最重要的人是誰？」

「當然是『對方』。」

對方如何看待事物？對方有什麼感受？對方真正想要的是什麼？誰（即第三方，後文將詳述）有能力影響對方呢？

此時，「我是怎樣的人？」「我具備多少專業知識？」的順位則排至第二、第三項之後。

「站在對方的立場思考」聽起來很簡單，卻是談判中最基本的要件。控制談判局面的是「對方」而非自己，後文將會詳細說明如何將注意力集中於對方身上，即從「放下自己，全心關注對方」開始做起。

5 有理不足以服人，對方的情緒是關鍵

別讓完美無瑕的話術，被「壞心情」打敗

談判時，最重要的人就是「對方」；窺探對方腦子裡在想什麼，是談判現場中最重要的任務。那麼，這是要把「我們（自己）想說的事放在後面」嗎？正是如此。請窺探對方的想法。簡言之，我們得有心理準備，**若無法看出對方心中所想、心情如何，無論你提出什麼方案都必然落空。**

「了解對方腦中的圖像」戴蒙教授以這句話說明這項流程。

這幅圖像可能是單純明快的插畫，也可能像糊成一片的抽象畫，或陰暗沉重的風景畫。依照我的解釋，若把「圖像」替換成極簡單的詞語，那就是對方的「情緒」。

對方無心聽時，暫停是上策

我們必須以「情緒」為先決要件展開談判。看透「對方現在的心情」聽起來很簡單，但卻非常重要。

具備完美的理論邏輯、講話滔滔不絕的人，或是充滿自信、找不出一絲破綻的人（正如從前的我），越容易忽略對方的情緒。

依對方的心情而定，無論我們搬出多正當的大道理，或是提出清晰易懂的簡報，有時依舊不受青睞。

原因可能有很多種，例如對方早上和另一半吵架而心浮氣躁，或有別的案子交期迫在眉睫而無心與你談事情，或是受主管責備，滿肚子怨氣、失去自信而感到沮喪，家中孩子臥病在床無心工作等。

上述種種不同情況所造成的「情緒」，都會左右談判的局面；並且，我相信各位也知道，「情緒」十分容易傳染。

即使是「為人很敦厚，傾聽時的態度也很開朗友善」的人，也可能因為時間或情況而有焦躁不安的反應；至於「無論如何都會雞蛋裡挑骨頭」的人，也可能因為一些小事而心情愉悅，突然對你的提案感興趣。

因此談判時，必須聚焦於對方當下內心的想法。**無論你的提案多麼無懈可擊，只要對方「無心聽」，你付出的努力都只是枉然。**當我們窺探對方的情緒，發現他似乎無心認真聽我們講話，此時該怎麼做？

很簡單，請先就此打住，別再往下談。前文也提過，只要我們有明確的「目標」，繼續談判未必有意義；因此，只要找到對的時機，重新再談即可。

請記住：**「對方當下的想法」掌控了談判的「局面」**。

6 情緒是談判的敵人，傾聽能夠征服它

學習當「好聽眾」，比任何話術更有效

延續前文，「對方無心聽你說話」最典型的情況，就是「正在生氣」的時候。我也曾經惹怒顧客，了解在對方大發雷霆，處於極度情緒化的狀態下，進行談判相當困難。

此時必須暫停談判，先「關心」對方，使他有心情聽你說話。戴蒙教授強調，**「關懷情緒」是談判中不可或缺的基礎策略。**

換言之，這是一種情緒上的照護，你必須讓對方了解「我感同身受」，該向對方道歉時就應道歉，並給予對方想要的解決方案，如平息怒氣等。

我們必須了解，對於無心聽你說話的人，說什麼都是白費工夫，因此情緒

是談判的敵人。與對方產生共鳴、適時道歉、提出解決方案等，看似很簡單，但卻不如想像中單純。

因為只要走錯一步，便有可能「火上加油」。譬如你只是單純地把「我了解您的心情」掛在嘴上，對方可能會怒斥：「你懂什麼！」（我年輕時也曾有過這種經驗）或是你把誇張地下跪道歉當成「終極絕招」以表示歉意，但在別人眼中可能只是老套的戲碼。

此外，明明不知道自己做錯什麼，一心卻只想道歉了事，這種心情很容易被對方看透。即使你自以為提出了不錯的解決方案，但若未切中要點，只會讓對方更加生氣。

花時間安撫對方，絕對值回票價

我認為此時能做的只有「不慌不忙」而已。**別急著把事情結束，而是按部就班撫慰對方的情緒。**我認為即使在此階段多花點時間也無妨，譬如惹對方生氣之後，你可以暫時撤退，告知「下次再來拜訪」，待雙方皆冷靜下來後再重啟談判。

此時請先做好準備，比如請主管陪同或準備禮物等。

另外，「開門見山詢問法」也是撫慰情緒時很有效的方式。

「可不可以告訴我，您為什麼不高興？」

「您希望我怎麼做？」

「您覺得問題出在哪裡？」

與其絞盡腦汁想方設法或猜測，不如直接詢問，這對雙方而言都是最有效也最省力的做法。情緒是談判的敵人，如果沒有撫慰情緒，談判絕不可能順利進展。

7 善用對方的規則，達成你想要的目標

「對方的規矩」是談判的「護身符」

關於談判前的「準備」，我會在第二章中詳細說明。為了獲得更多對方的資訊，我們必須先徹底準備，才能達成目標。換言之，這也是「成功談判」的必要條件。

我們需要獲取哪些資訊呢？答案是「一切的資訊」。

前文中，「對方的想法」是必須當場取得的資訊，不過，在眾多資訊中，「對方的規矩」最為重要。

我們要按照對方的規矩談判，而不是我方的規矩。只要事先了解對方的規矩，想好因應的方案，就能有效達到目標。

這種做法可以避免露出破綻，以防對方「使談判破局」。

譬如你為了與某公司進行業務合作而和對方談判，此時，自己是否了解對方業務合作的流程（即該公司的規矩），將會使談判的內容出現很大的差別，例如：

◎是否由負責的主管一人決定？

◎是否需要按照層級簽呈？

◎是否需要召開全體會議？

◎總經理同意就可以通過？

◎我方採取的對策，將視對方的規矩而改變。

◎我方應該和誰談判？

◎我方該準備什麼資料？

◎我方應該將終點（達到目標）的時期設定為何時？

累積越多資訊，越能避免吃虧

以上幾點完全受對方的規矩左右，所以我們必須做好事前準備，將需要的資訊蒐集齊備。我再舉個更簡單的例子，你和同事晚上在公司附近的居酒屋喝兩杯，雖然已經十點半了，大家依然有聊不完的話題，此時店員催促你們離開，假如你知道對方的「規矩」是「晚上十一點打烊」，就能理直氣壯地對店員說：「不是還有三十分鐘嗎？」但是如果你什麼都不知道，或許就會說聲抱歉，收拾東西回家。這是個極為平常的生活例子，卻蘊藏談判的關鍵。**「以對方的規矩為後盾」雖然有點取巧，卻是最冷靜的談判方式。**

但如果我們的目標是「和對方打好關係」，當然得注意用字遣詞和態度。「你們不是這樣規定的嗎？我們是按你們的規矩來，如果這樣還行不通，那就是你們沒按規矩走了吧？」像這種「得理不饒人」的態度，將會影響往後的關係。「以對方的規矩作為後盾」效果很強大，請務必謹慎使用。

8

談判時貢獻好處給對方，很值得

「付出」是強化「信任感」的武器

為了避免讓談判情勢形成「有輸有贏」的「單贏」局面，「不等價交換」的觀念便顯得非常重要。

有些人單純地認為「不等價交換」就等於「賺小虧大」，意即和對方給予我方的相比，我方付出了更有價值的東西（如貴重物品）給對方。但是，所謂「不等價交換」中，「交換目標的價值」乃是「對方真心想要，我方也給得起」的事物。

以一個簡單的例子來說，如果對方是單身男性，想要找機會「認識女性朋友」，如果你能憑自己的人脈找到適合的人，便可以給予對方「聯誼的機會」。

在商場上，我們也可以看到許多不等價交換的機會，最具代表性的是「牽線介紹」。如果你認識對方想認識的人，立刻居中牽線，就是一種「不等價交換」。

付出不求回報，吃虧就是占便宜

從談判的「技巧面」來看，這是一種「旁敲側擊」的策略。**給予對方的「禮物」和談判內容的主體無關，卻可藉此獲取對方的信任。**

因此，更進一步而言，我們還能透過第三方等媒介，事先了解「對方真正想要的事物」，讓談判更順利。

此外，單身男性多半會對「異性」或「升遷」較有興趣，而投資經營者則較關心「資金調度」等議題，所以我們也能依據每個人不同的身分，清楚看出他們追求的事物。

或許你會認為自己不見得擁有（或給得起）對方想要的東西，但也正因如此，**為了成為優秀的談判專家，我們必須具備更多「給得起」的價值。**

換句話說，我們必須準備好各種不同的「價值」。例如前述的案例，我（的公司）為了和單身男性進行不等價交換，會隨時更新「燈光美氣氛佳、適合聯誼的好餐廳」的資訊，或是介紹獵人頭公司，讓他們的職涯成績得以更上一層樓。此外，為了和投資經營階級的人進行不等價交換，我所認識的頂尖稅務專家，隨時可以協助他們調度資金。

不但如此，我名片上的工作內容，除了壽險之外，尚有不動產、自我啟發、人才教育、美容、減肥等，詳列許多項附加價值，使我能夠自信滿滿地「給予對方」。簡言之，我的名片上就清楚顯示「我能和你進行不等價交換」。

透過不等價交換建立信任感時，我們必須特別留意的重點是「不求回報」。你或許覺得既然是一種交換，也該向對方討些好處，但是請記住，只要能夠取得對方的「信任感」，作為未來關係的強力武器就已非常值得。

因此，不等價交換的禮物就是「給予對方好處」。對於談判對象，除了談判內容之外，你還能給對方哪些貢獻呢？

9 有話直說，不必戴面具

「真誠」贏得信任，「操控對方」的想法只會疏遠關係

戴蒙教授的談判理論中，最能引起我的共鳴與感觸的是「別操控對方」及「做自己」，這是迥異於傳統談判法的新概念。

前文提過，我任職於知名壽險公司時，貫徹「打敗對方」的談判模式；當時的我身穿高級西裝、手戴精品名錶、開進口名車，若和顧客一起，即使只有一小段路也會刻意坐計程車，這一切都是為了塑造自己「偉大、強悍、優秀」的形象。

此外，我當年也會根據談判對象，表現出截然不同的樣子。當客戶得意洋洋地講述專業知識：「你知道嗎……」即使我早就一清二楚，也會拚命表現出

不如對方的樣子：「這麼厲害！我以前完全不知道啊！不愧是總經理！」當我發現「這個人喜歡對方拍馬屁」時，就會不停地說：「好厲害！」像這類虛華不實的客套話、陪笑陪到嘴角僵硬，全都曾是我的拿手絕活。

但是，這種談判模式無法長期持續；雖然獲得某種程度的成果，卻也讓我打從心底討厭「戴面具」的自己，心想：「我到底要『耍猴戲』到什麼時候？」幸好，我有機會接受戴蒙教授的教導，徹底修正錯誤的觀念。

場面話等於欺騙，是談判大忌

所謂「不操控對方」，簡單來說就是「不欺騙對方」。欺騙對方，以虛假的自己和對方談判，遲早會被揭穿看破。戴蒙教授告訴我們，無論演技再精湛，也有被拆穿的一天，這就等於放棄了你最大的資產——「信任感」。這對我而言可說是一大福音，就像是世界首屈一指的談判專家替我的想法掛保證：

「這種（戴著面具）的生意手法（談判）並不正確。」

我認為「不欺騙別人」即等同於「不欺騙自己」，因此我們才必須「做自己」。如果你能夠擺脫「談判是一決勝負」的傳統價值觀，展現真正的自己就不會太困難。

現在的我，自己不知道的事就會直說，也會坦承自己做不到的事，毫無保留地讓對方看見自己的弱點。

而且，我還會公開自己談判的技巧。譬如和談判對象說：「我想獲得您的信任，所以除了這次的案子，我還想做點別的事。」直接向對方表明前文中「不等價交換」的內容。此外，當我沒有詳盡蒐集對方的資訊時，也會承認自己準備不夠充分：「很抱歉，老實說我的資訊很少⋯⋯。」

只要談判有明確的「目標」，就不會因為這些事情吃虧。談判時，率直地向對方表達想法，並展現毫無矯飾的自己，這就是世界頂尖商學院教授教給我的「超級談判術」。

10 發問促進溝通，尊重贏得關鍵資訊

談判中，任何細節都很重要

在商場上打滾的人，一定聽過「溝通非常重要」這句話。無論面對顧客或公司內部的管理，缺乏溝通都會阻礙公司營運。

談判也是如此。戴蒙教授強調：「談判失敗的原因，幾乎都是缺乏或毫無溝通。」、「溝通時若不尊重對方，就無法取得資訊。」

但即便提倡「確實溝通」，還是有許多人不了解實際上該怎麼做。

由於「溝通」極易流於抽象，因此我根據戴蒙教授的教導，將「溝通」簡要彙整成以下三項：

❶ 尊重對方
❷ 聆聽對方說話並提問
❸ 將「狀況」化成「語言」

在內部管理上，現在的公司都十分積極製造「溝通機會」，例如召開會議、與員工對談，或是舉辦活動，一面喝酒一面談天等，但無論什麼場合，關鍵都在於以上三項因素。因為我認為，公司內部管理也是和員工的「談判」。

說太多話，容易錯失重要資訊

首先，溝通時不要指責對方。「指責對方」的行為雖然也是溝通的一種模式，但會讓對方封閉心靈，站在原地停滯不動，不會帶來任何進展；「尊重對方」即是避免採取「責備」、「威嚇」的態度。

此外，「傾聽對方說話並提問」也是尊重的表現，更可以獲得談判中最需要的「資訊」。雖然有人認為侃侃而談，引起對方的興趣才是溝通高手，但事實並非如此。**我們要謹記「聽比說更重要」的原則**。

「將狀況化為語言」則是能夠和對方產生共鳴。譬如當我在談判時陷入僵局時，會明白說出：「我覺得好像談不太下去。」藉此提醒對方彼此的共識應是「讓情形有所進展」。只要與人接觸，任何場面都需要溝通，當你煩惱「如何溝通」時，請先回想這三項因素。

第2章

談判講究「準備」

寫下談判對象「隱形」的人際關係，就是談判時「有形」的準備工作。

——豐福公平，日本業務之神

談判前的準備，你做對了嗎？

把「聚光燈」移到對方身上，就會看見目標

作者：談判的重點在於對方，自己根本微不足道──「超級談判術」的概念讓我深受震撼。

戴蒙：你對「超級談判術」失望了嗎？

作者：沒有，我反而感到豁然開朗。自己以前一心只想著打敗對方，老實說也曾經很討厭自己。

戴蒙：談判相當嚴肅，並不是鬧著玩的，這點確實沒錯；但並不是要我們思考「如何贏過對方」。說得極端一點，**你沒必要贏過對方，也沒必**

要打敗他們，只要達成你的「目標」就夠了。

作者：我以前就是迷失在錯誤的談判觀念裡，如果也讓我說得極端一點，或許我曾以為「讓對方吃虧就對了」，這感覺真討厭啊！

戴蒙：但事實並非如此。

作者：沒錯，我真該早些了解這點。

戴蒙：沒關係，來日方長。「超級談判術」可以讓你的談判更順利。接下來，我們一起聊聊「談判需要什麼」、「必須做哪些事」。

談判 Key Point 攻心術

「談判」是一件既輕鬆又嚴肅的事，談判高手的訣竅，就是以平常心認真追求自己的目標。

1 首先，準備好你的目標

沒準備，談判就是浪費時間

無論於公於私，若想讓任何方面的計畫成功，必然需要「事前準備」；談判也是如此。

不過，我們該如何準備談判呢？譬如跑業務時，或許有人認為：

「前一天決定好談話的內容。若有人同行，也要事先和他套好招。」

「徹底備妥產品或服務的相關資料，並再三確認各種手冊是否齊備、數據佐證是否完善。」

「好好打扮一番，檢查皮鞋是否擦亮、西裝有無皺褶。」

甚至細心地製作問答集，準備兵來將擋、水來土掩……。以上種種，當然是談判的事前準備，但終究只是「做生意的基本」。

「超級談判術」的事前準備更加「深入」。首先必須「釐清目標」，第一章曾提過談判的目的在於「達成目標」。

我認為漫無目的的談判，就像毫無意義的閒聊；如果不能一步步接近目標，談判便等同失敗。

容我再次強調，談判不是「拚輸贏」。即使對方沒有當場說「YES」，那場談判也不一定毫無用處。

先找到目標，再擬定談判策略

談判有各種目標。如果目標是和對方建立良好關係，就不必勉強對方。換言之，我們要常把對方的利益放在心上，避免滿腦子只想著自己得利。因此，我們必須從各種角度考量，並討論目標為何。

例如思考雙方只是短期合作，或是應該維持長期的雙贏關係？

即使現在無法立刻拿出成績，但若對方的狀況二、三年後產生改變時，或許便能夠成為可靠的夥伴。考量前述等因素，談判時必須從長遠的角度來設立目標。

「超級談判術」並不重視欺敵技巧，或是互相拉鋸的論戰。由於最大的重點在於「目標」，因此準備的第一步就是「釐清目標」。

2 尋找「無法達成目標」的原因

腦力激盪，排除阻礙協商的「可疑因子」

談判前，一定要先思考有何因素將阻礙我們達成目標，意即事前釐清使談判無法順利進行的理由與問題，也是很重要的一項準備工作。

此外，雖然「探索談判當下發生的真正問題」的態度也相當重要，例如「為什麼對方對我的態度不佳」、「為什麼對方看似無心聽我說話」等，**但我們也必須預先設想可能發生的問題**。

日本政府官員在國會接受質詢時，據說會連續熬夜好幾天，精心製作「設想問答集」；他們會從各個角度檢驗問題所在，以便在接受質詢時應付各式各樣的「吐槽」。

不過，實際談判場合中，比如在客戶端產生的問題，並非皆局限於「知識與資訊的缺乏」或「邏輯矛盾」等理論層面。問題也可能在於「對方討厭你」、「看你不順眼」等「情緒方面」的因素，這就是實際談判中麻煩的地方。

魔鬼藏在「細節」裡

舉例來說，我有位朋友擔任A公司的總經理，B公司向他表達了合作的意願，於是雙方開始協商；B公司的總經理和董事帶來各種資料拜訪A公司，他們蒐集了A公司的眾多資料，提案內容也無可挑剔。雙方互相提出各種問題，聊得相當盡興，交涉過程可說是完美無瑕。然而，A公司的總經理最後卻否決了這次業務合作。某天我詢問A公司的總經理拒絕的原因：「到底出了什麼問題呢？」他表示：「對方董事的指甲又髒又長，一想到要和這種人進行業務合作，就感到有點抗拒……。」從對方的角度來看，阻礙目標（進行業務合作）的問題在於「指甲長度」。

談判前，消除引發「不適感」的可能因素

這是真實的故事。很遺憾的是，在現實商場上，經常會因為這種「情緒」、「印象」上的小事而造成問題，阻礙我們達成目標。

因此，了解這項事實的優秀職場人，必然會注意自己的儀容打扮。我並不是要各位「身上掛滿名牌」，**而是徹底消除引起對方討厭情緒的因子**，例如領帶上是否有汙漬、襯衫的袖子是否有髒汙、身上是否有異味等。

建議各位在談判前，先在紙上寫下問題，也請特別注意對方的「情緒面」，因為我們不知道「真正的問題」會藏在哪裡。當然，**這項書寫工作請盡量多花點時間做，最好能在談判前完成**。

我們不必像政府官員那樣連續熬夜好幾天，只要在咖啡廳或通勤時做即可。這項工作看似簡單，卻能為談判結果帶來很巨大的影響。

3 第三方的存在比自己更重要

釐清對方周遭的「人際關係」

前文提過：「當你面對『談判對象』時，別忘記自己是談判場中最無足輕重的人。」

因為談判時最重要的人就是「對方」，那次要的事是什麼呢？答案是「第三方」。第三方雖然不會出現在實際的談判場合中，卻與你能否達成目標有很大的關係。

最常見的第三方案例是「介紹人」。「介紹人」是你們的共同朋友，也就是即將（或已經）把你介紹給談判對象的人。

假如他對於對方具有相當大的影響力，你就必須重視那位介紹人。若從偏向技術性的角度考量，就是要「有效利用第三方」。

舉例來說，我曾經採取以下做法：在我創業初期，由於是新成立的小公司，無法輕易取得對方的信任；因此，我運用以前建立的人脈，從自己和對方的共同朋友中，拜託那些在大企業工作的人擔任「介紹人」。

現實非常殘酷，只要一提及「我是經由大公司介紹的」，對方看你的眼神也會不一樣。即使是平常理所當然將我拒於門外的公司，也願意和我這樣的小公司打交道。

談判場上，「第三方」也是關鍵之一

正所謂「人脈就是錢脈」，假如第三方不信任你，也不可能創造談判的機會。因此，我們平時建立人脈與信任感時，可以當成談判的「前置作業」。

此外，第三方不見得一定會站在你這邊。本書中的第三方，並非單純指「共同朋友」或「介紹人」，而是「即使不在談判現場，也會影響談判的人」。

例如「談判對象的上司」對提案握有決定權，或是談判對象尊敬或聽取建議的前輩，都包含在我們應該注意的「第三方」，也就是談判當事人之中。

這也是戴蒙教授之所以主張「自己」是談判場中最不重要的人的原因。只要仔細思考，其實許多人都會出現在談判中。因此，我會製作類似家譜的圖表，將談判對象的「隱形人際關係」寫下，視為談判時「有形」的準備工作。

同樣地，我也會把問題逐條列出；甚至還會考量以下關聯：「他受到某人的影響」、「他的職銜雖然比較高，實際影響力卻不大」。其中，又以「誰擁有談判決定權」最為重要，切記事先查清楚。

請牢記：「出現在談判中的相關人士，絕對不只有你和對方。」

4 做好「最壞打算」就能克服恐懼

不讓任何「意料之外」的事情發生

「談不出結果的時候該怎麼辦？」

其實許多人在談判前，並未設想過這個簡單的問題；因此，當談判進展不順利時，隨即變得慌慌張張，失去冷靜。

當然，設想「最壞的結局」，完全不是一件讓人開心的事，甚至會令人灰心，對於即將面對的談判場合感到痛苦。

不過，預先設想「最壞的結局」是談判準備中相當重要的工作。

二〇一一年的福島核電廠意外中，日本人深刻學習到，無法迅速處理意料之外的狀況有多麼可怕。

我個人也對「最壞的結局」非常有感觸。當我二十幾歲時，在家鄉福岡擔任消防隊中的超級救難任務；那時養成的習慣是必須擴大預想範圍，以便冷靜應對任何緊急狀況。

「平時都做不到，情況緊急時更不可能辦得到。」

專家眼中並沒有「遇到火災時就會產生爆發力」這種概念，所以平常訓練時，就會預想最糟的狀況並且反覆模擬。例如：

◎什麼時間點該朝火場灑水？

◎什麼時候應該計畫衝進火場？

◎如何把人帶到安全的地方？

「超級救難隊」的工作就是全面思考可能發生的情形，在「最壞的現場狀況」下，冷靜地展開救援。

設想「最壞情況」，不等於輕易妥協

談判也是如此，為了在當下立即冷靜處理，而不至於慌了手腳，我們可以先設想談判逐漸走入死胡同，並且模擬因應之道。

另外，**只要事先了解談判不順利時最糟的狀況，內心也會輕鬆許多。**「未知」是引起人類恐懼的因素之一。

「往後會變得如何呢？」

「失敗後有什麼結果等著我呢？」

假如這樣想就會引發恐懼感，但透過事先預測，就可以消除恐懼感。

不過，「談判不順利時的保險做法」，意即連妥協方案都預先設想了，極易演變成為自己「預留後路」，導致即使未達成談判目標就輕易放棄；這樣會使人失去驅動的力量，反而很危險。**請記住我們設想「最壞狀況」的目的，最終是為了「避免最壞狀況發生」**。

換句話說，我們不能隨便改變談判目標。「設想最壞的狀況」、「排除意料之外的情形」等這些準備工作，都是為了達成目標而存在。

5 切記！「情報量多寡」決定談判走向

最該做足準備的功課就是「蒐集資訊」

史都華．戴蒙教授明確提出：「當對方擁有的資訊比我方更多時，我方所處的局面也較對方不利。」

簡言之，「資訊多寡」將會大大影響我們談判的方式；掌握越多資訊，就越容易控制談判的情勢。

因此，在我們準備的階段時，必須大量吸收對方的資訊。

什麼是「對方的資訊」呢？

廣義而言，就是「所有」和對方有關的事物，例如：

◎對方談判時的「目標」是什麼？
◎對方的個性、志向如何？
◎對方在商場上的角度為何？
◎對方擁有的權限有多廣？
◎對方的興趣、嗜好是什麼？
◎對方有何經歷、背景？
◎對方現在真正煩惱的是什麼？
◎對方的人際關係（人際網絡）如何？

事先調查所有可取得的對方資訊，這就是談判中最終極的「準備工作」。我對於蒐集資訊一向費盡心思且不遺餘力，這也是我所經營的小公司，之所以能和大企業談成一筆又一筆生意的祕密。

○直接把目標告訴對方，可以贏得「信任」

譬如我曾與某大企業談判，最後成功談成業務合作，由我負責該企業六萬名員工的保險事宜。我所舉辦的員工保險說明會，更因為有眾多人參加而大排長龍。

像我經營的這種小公司，幾乎不可能和擁有數萬名員工的大企業進行業務合作；但只要事先蒐集資訊，就能將不可能化為可能。例如：

◎哪些人在該公司工作呢？
◎服務於該公司各單位的員工，各自有哪些困擾？
◎在該公司具有影響力的人是誰？

除此之外，當然也必須調查公司的業績、當前的問題，以及過往的歷史等。我透過各式各樣的方法，取得無窮無盡的相關資訊。

雖然我方是小蝦米，對方是大鯨魚；但若要比較哪一方擁有較多對方的資訊，絕對是我方。

此外，我們要以「真實的自己」實踐「超級談判術」。因此我在談判中不會裝腔作勢，而是誠實告知對方：「我已經蒐集了貴公司的許多資料。」

假如採用「打敗對方」的談判方式，對方或許會感到不悅；但若從一開始就表明「不打算只讓自己得利」，對方也會因而十分佩服，認為我方「用心做足功課」。

總而言之，請各位一定要勤於「蒐集對方的資訊」。

6 善用第三方人脈，擷取精華資訊

誠懇的態度，是獲取情報的超級籌碼

前篇中，雖然我提到「蒐集對方越多資訊越有優勢」，但有個觀念希望各位不要誤會：「蒐集對方資訊，並非為了抓住他們的小辮子。」

也許你會疑惑，那麼我們蒐集資訊的目的究竟為何？為什麼蒐集越多資訊，談判就越占優勢呢？

簡言之，這麼做的目的是為了「獲得對方的信賴」；因為取得對方的資訊也是一種「了解對方」的工作。

因此，向對方表明「我蒐集了您的許多資料」，就代表「我很努力了解您」，對方也會因此感到佩服。

請記住「蒐集資訊是為了貢獻對方好處」。如果你談判的前提是「打敗對方」，而蒐集資訊是為了「找出對方弱點」、「把對方逼到毫無反駁餘力的境地」，那就像是在雞蛋裡挑骨頭，蒐集恐嚇對方的把柄而已——這種方式和本書的概念完全背道而馳。

「蒐集資訊」是投資報酬率最高的「談判準備」

其實，只要表明「蒐集資訊是想了解對方」，就不會太困難。

因為請第三方協助比較容易，所以詢問第三方時，也要表現出「真實的自己」。例如：

「請問A先生（談判對象）的個性如何？」
「A先生對什麼事物感興趣？他喜歡什麼呢？」
「A先生現在有什麼煩惱的事嗎？」

如果你和談判對象素未謀面，便只能向第三方詢問這些問題。所謂強而有力的第三方，就是引薦你和對方認識的介紹人。既然願意引薦雙方見面，代表他希望你和談判對象建立良好關係，所以也會樂於協助你建立信賴感。

「蒐集資訊」在談判中是一項非常重要的「準備」工作，當對方公司越龐大，就必須花費更多時間在這項工作上，以便蒐集大量資訊。**進一步而言，我們也要了解在談判桌上的對方背後還有哪些人物。**

因此，各位應該能夠了解「談判始於準備階段」的道理；所以我們必須有明確的目標。蒐集資訊是「事先」窺探對方的想法，接著再由「真實的自己」來採取行動。

7 談判沒有「永遠通用的法則」

靈敏的應變，是唯一不變的準則

「前陣子開會（談判）時，他們對我方的提案好像很有興趣，為什麼今天卻提出消極的意見呢？」

「發生什麼事了嗎？」

有時候談判的對象會讓你產生前述的感覺吧？但這也是無可厚非的。戴蒙教授強調：**「每次談判的狀況都不一樣。」**

而且若在接連數次談判中，對方的反應都不太一致時，的確代表出現「某些因素」；簡言之，就是「狀況」發生改變了。

例如：對方將我方提案提交至公司內部會議討論時，與會者的反應不甚踴躍，又或者是突然出現急件，對方為了處理問題而焦頭爛額；也可能是有其他公司提出更具吸引力的企畫案等。

「狀況的變化」無窮無盡；因此，當我們握有數次談判機會時，每回都必須事先調查並確定「對方的狀況」。

「談判狀況」永遠都在改變

所謂「狀況的變化」，也可稱為「對方的背景」。譬如你拜訪朋友，打算取得談判對象的資訊時，朋友告訴你：「他的個性不拘小節，所以只要抱持友善態度，他一定會願意聽我們提案。」雖然如此，但你與對方實際見面談判時，對方卻走理論路線，非常重視證據，要求你提出詳細的資料與數據。

於是你質問朋友：「他怎麼和你說的不一樣呢？」原來，提供我們對方資訊的朋友，是他「以前」的同事，雙方因為處理不同案子，已經三年沒有往來。而三年的時間，足以讓情況產生巨變。談判對象可能因為某些因素而不再「不拘小節」，例如因為這種個性造成重大疏失，使他開始講究細節數據等。

此外，談判狀況隨時都在改變。譬如以前認識的承辦人員已經調任至其他部門、原先在公司內部擁有強大影響力的人物，因為讓賢給後輩而退居第二線；或是公司（組織）本身的經營方針改變等。**我們必須具備「過去」與「現況」有可能完全不同的認知。**

即使今天與你談判的對象就站在眼前，對你的提案充滿興趣，也可能因為談判中的一通電話（如部屬出錯或顧客抱怨）而使態度急轉直下，變得十分消極。我們必須配合瞬息萬變的狀況，隨時靈活地「窺探對方的想法」。

8 三大關鍵問題，談判前先問自己

在最後準備階段，一定要記得做這件事

戴蒙教授主張：「談判內容或專業知識的重要程度只占不到一成。」其中的九成，則在於談判當事人（對方、第三方、自己）。

因此談判前，先以這三個問題再次提醒自己：

◎我的目標是什麼？

◎對方是怎樣的人？

◎我需要什麼來說服對方？

以上三項問題的答案，正是實際談判時聚焦於對方身上所需的要件。因此，當我即將完成談判準備時，都會問自己這三個問題。

先對自己提問，緊急狀況也能從容應對

迷失「自己的目標」，將會使談判淪為單純的閒聊，或是只為了「戰勝對方」而成為毫無意義的戰場。

你應該不是為了這些理由才去談判的吧？「雖然現在沒有，但希望透過談判取得的事物，就是談判目標。」戴蒙教授以前述說法來說明「談判目標」。

我們必須再次確定：我想要獲得什麼？我希望談判有何種「結果」？

若在準備階段時先想像「對方是怎樣的人」，就能夠冷靜面對談判。此時，事先蒐集資料將會決定一切。開始談判的前十五分鐘最為重要，我將在第四章中詳細說明這點。

請盡量在這段時間內徹底了解「對方是怎樣的人」，也因而需要在事前掌

握對方的所有資訊，作為談話的材料。所以，為了整理並確定成果，可以問自己究竟蒐集多少與對方有關的資訊。

此外，「我需要什麼來說服對方」，意即模擬談判狀況，審視自己的目標及對方的個性，以此計算自己應在何種時機下端出「相應的行動」。

當我們進行談判前的最後準備時，必須設想無法說服對方時的因應對策，即前文提到的「設想最壞情況」。

譬如突然需要另與別人談判（這在商場或生活中經常發生），無暇充分準備；即使情況緊急，我還是會先不斷重複問自己這三個問題；因為只要這麼做，就會使談判的成果出現極大差異。

第3章

談判講究「順序」

一開始就「再次思考」你的「目標」與「問題」，將會使模糊的目標與真正的問題重新浮現。

——豐福公平，日本業務之神

按部就班，是提升業績的第一步

取得再多數據，都不如了解對方管用

作者：請問教授，您說「資訊多寡」在談判中會左右一切，我以前就有這種感覺，不過，其中還是以「人」最為重要，對吧？

戴蒙：沒錯，說起來很理所當然，因為談判是靠「人」進行。所以重點要聚焦在「人」身上。

作者：這就是「超級談判術」和一般談判術的不同之處。我以前認為掌握對方的數據資料才具有最大的影響力……。

戴蒙：你是指「用來擊敗對方」的證據嗎？

作者：是啊！

戴蒙：談生意當然也需要數據資料，但最重要的關鍵還是「人」。一旦缺乏與「人」相關的資訊，就無法談判。

作者：這點我相當清楚。

戴蒙：非常好。這樣一來，你已經做好學習「超級談判術」的準備了。接下來，我們一起聊聊談判的「步驟」，這點在商場上特別有效。這些步驟對你的業績而言是非常有用的武器。

談判 Key Point 攻心術

達成目標沒有捷徑，「擬定步驟」卻能讓你贏在起跑點。

步驟是一張地圖，幫助你接近目標

談判要循序漸進，更要沉得住氣

前文中，我已經逐一談過「超級談判術」的各項重要條件。每一項條件在真正的談判中，都是不可或缺的觀念，希望各位務必銘記於心。此外，談判時還有另一項重點：**「談判的成果（目標）並非一蹴可幾。」**實在所言不虛。

超級談判術中，並沒有「對方一定會答應的『心理戰術』」或是「讓對方無法拒絕的『神奇話術』」。

因為戴蒙教授常說：「世上沒有兩場完全一樣的談判或狀況。」

日常生活就是談判。我們不可能總是和同樣的人談判，即使對象相同，對方的想法也會因為狀況而不時改變。

此外，你的目標與對方的目標，也會因為談判目的而變更，這點更不必贅述；假如有「學會這句就能所向無敵」的普世通用絕招或終極話術，反而更讓人懷疑。

每場談判狀況都不同，因此沒有「SOP」

因此，談判的技術面上，如果我們需要一條成功的捷徑，或是永恆不變的定律，那就是「**談判分階段性進行**」。

換言之，就是「一步步推進談判進度，達到預期的目標範圍內」。

前文所述的「目標」、「窺探想法」、「促進溝通的提問」、「運用準備好的資訊」，如果沒有經過整理，充其量只是一種知識、談判的技巧而已。

為了穩健地一步步邁向目標，必須先依序清楚地「整理」談判的事件本身，釐清前進的方向。

雖然談判沒有「絕招」，但若一定要舉出一種堪稱「技巧」的做法，我建議各位**「按照順序思考談判的步驟」**。

按照順序思考，在各步驟中找出答案，就是仰賴經驗解決問題，而不是模仿他人的技巧，**讓談判成為「原創的邏輯性談判」**。

我也根據自己長年以來的經驗，以及戴蒙教授的教導，培養出自己對於談判的自信；即使如此，現在的我面對談判的時候，依然會時刻提醒自己，必須「按照步驟進行」。

「步驟」就像進行談判時的「地圖」、「導覽」一樣，可以讓人逐步接近目標。接下來，我們來談談步驟的內容。

超級談判術的五大步驟

STEP 1

確認「目標」與「問題」

- 「短期目標」是什麼？
- 「長期目標」是什麼？

★ 找出「真正的問題」與「解決方案」

STEP 2

投入準備工作

- 整理人際關係
- 預測最壞的情況
- 再次確認資訊量

★ 先做好萬全準備，再面對談判

STEP 3

進入談判現場

- 雙方的需求以及可獲得的成果是什麼？
- 對方現在的想法是什麼？
- 對方與自己目前是否關係良好？

★ 別忘記「徹底貢獻」的態度

STEP 4

積極商討對策，確實執行

- 談判後有什麼新點子？
- 我方的解決方案對於對方而言是否有難度？
- 有力的「第三方」是否存在？
- 是否有新提案？

★「整理」談判的經過

STEP 5

簽約完成的後續追蹤

❶ 決定最佳方案
❷ 提出具體方案
❸ 確認期限
❹ 簽訂契約
❺ 簽約後的持續追蹤

★ 以實際行動表現，避免功虧一簣

1 確認「目標」與「問題」

先問自己：我為什麼要談判？

談判時的第一步，就是明確設定你的「目標」；其實，第一步在談判中最為重要。

第一章中提過，我們必須認知「談判是為了達成目標」，因此要先釐清自己真正想要的是什麼，否則會像無頭蒼蠅般白忙一場。

此外，我們也要清楚了解阻礙目標的「問題」。

「首先要釐清『目標』與『問題』。」這就是超級談判術的第一步。完全不必在乎心理的拉鋸戰、瑣碎的話術等促使對方點頭答應的技巧。

雖然談判時，最重要的人就是「對方」，但我們要先搞清楚「為什麼自己要談判」。

著眼「長遠目標」，眼前的難題將迎刃而解

首先，我們必須從「短期」與「長期」兩種角度考量目標。雖然和「談判」也許沒有直接關係，但我們可以預想以下的情況：你從東京前往大阪出差時，飛機和新幹線因為颱風影響而停駛。此時，從短期來看，你的「目標」是「前往大阪」，而「問題」便在於「交通工具停駛，動彈不得」。

但如果考量出差大阪這件事本身的「長期目標」；例如你的「目標」是「和大阪的公司進行業務合作」，「問題」則是「這次無法前往大阪」。

只要分別從短期與長期考量，就能看出真正的目標、真正的問題與補救的措施。

假如只著眼於眼前短期的目標與問題，你只能心急如焚地等待運輸機關恢復行駛；但如果長遠的目標是「業務合作」，你就應該立刻回到公司，並和對方聯絡、致歉，表示此次因為不可抗力的因素而無法拜訪，接著把準備在出差時交付的資料郵寄給對方，為建立往後的關係而準備。

前文提過，談判要「按部就班」。因此，不必慌慌張張地趕去大阪；若從商務上的「效率」來看，省去不必要的工作也不失為一種聰明的做法。

一開始就「再次思考」你的「目標」與「問題」，將會使模糊不明的目標與真正的問題重新浮現。

接著，為了達成目標並解決問題，再好好進行第二章中的「準備工作」。

請恕我不厭其煩地重複重點，「第一步」是談判中最重要的步驟。

趁你坐上談判桌前的空檔，即使是在咖啡廳也無妨，請務必再次確定自己的目標。

2 投入談判前的準備工作

「整理資訊」必須慎重其事

確定「目標」與「問題」後，即可進行下一步準備工作。

第二步要做的準備工作如下：

◎思考「這場談判牽涉到的關係人有誰？」↓整理人際關係

◎設想「談判進展最不順利的狀況」↓預測最壞的狀況

◎確認「該準備的資訊是否準備完成？」↓再次確定資訊

「整理人際關係」是非常重要的工作。

若特別從技巧的角度來談，與說話術等技巧相比，你擁有的「資訊」更可能成為談判中的「工具」，尤其是與人際關係有關的資訊更加有力。

在此，我們應該徹底列出與該場談判相關的人物。首先，請把你所想到的人名全部寫在紙上。

當然，和談判有關的人並不只是實際「坐上談判桌」的人，一絲不苟地抓出檯面下的「第三方」，也是此時重要的工作。

從順序來看，一開始著眼的當然是與「對方」有關的人。

負責談判者、他的主管、部屬、擁有決定權的高層、影響談判者的同事或軍師、談判者的家人、談判者和你的共同朋友、介紹人等，即使很難全部盡列，能寫多少就寫多少。

接著，思考那些人物的「相互關係」。滴水不漏地整理人際關係，例如「某人和某人是朋友」、「A部門和B部門過去曾發生很激烈的衝突」。

掌握越多資訊，建立關係越有利

在這項工作中，有時可以找到絕對不能忽視的「重要人物」。例如談判對象可能會突然說出：「不知道某人會怎麼說呢……」當然那位「某人」並不在現場。

「您是說之前在貴公司服務的某部長嗎？聽說他現在自己成立事務所，拚得有聲有色。據說他做事很有遠見呢！」

「咦？你認識他嗎？」

「不，我沒有直接見過他……」

對方口中的那位人物曾經和他搭檔一段時間，對於談判對象而言，就是「意見領袖」。我透過事先調查獲知這項消息，並向對方表示聽過這個人（雖然未曾謀面），如此一來，便能一舉提升對方對自己的信任感。

如前述一般，整理第三方的人際關係，也是「獲取資訊」的重要準備。

接下來，你要做的就是「設想談判進展最不順利的狀況」，意即預想談判不順利時將會造成多大的風險。

如果最壞的情況會產生致命危險，建議可以考慮先放棄這場談判。相反地，如果風險很小，便能積極地進行談判。

最後則是「再次確認資訊」，如果資訊還有不足之處，應該更全面且深入地加以調查，準備萬全後再坐上談判桌。

3

談判場上，我應該做什麼？

開始探測「對方腦中的想法」

準備好談判後，終於可以坐上談判桌，進入與對方見面的階段。

此時，我們需要分析對方及現場的狀況，也就是窺探對方的想法。

◎雙方的需求以及「可獲得的成果」是什麼？

◎對方現在的想法是什麼？

◎雙方的關係是否良好？

我們在談判桌上與對方談話時，必須時時考量這些因素。

首先，思考在這場談判中，對方以及自己可以獲得什麼。不過，我們不能從「擊敗對方」的「單贏」方面思考。

滿足對方的需求，為對方帶來某些好處，可以讓談判走向成功。「該讓對方吃多少甜頭？」這種自我本位的想法，或是你死我活的談判方式，只會讓雙方的關係惡化，疲於相互拉鋸而已。

對方想要的是什麼？自己為了什麼而達成目標？思考以上問題，就能看出自己能給予對方什麼，以便進行「不等價交換」。

暫時忘記談判目標，展現真實自我

如果當場手頭上沒有可以進行不等價交換的籌碼，事後再準備也無妨；因為談判是「一步一腳印」，你此時的工作是「窺探對方的想法」。這段時間要運用事先準備的資訊，接連向對方提問，聽對方說話。

了解對方的觀念和困擾，以及如何想辦法討他歡心——這時候，**我們需要**

的態度是「百分之百的誠懇」，因為對方也在窺探你的想法。

即使自己手上有籌碼可以給予對方，但若以此作為「討價還價的手段」，一定無法和對方建立起信任感。

說極端一點，我認為此時可以暫時忘卻「談判的目標」。

如果不是發自內心認定：「我真的只想讓你高興。」對方便無法感受到你的心意。

反覆思量對方的想法後，再確認對方的規則與做法。

若能夠在事前備妥資訊當然是最好的，但即使當場詢問：「貴公司決定提案時會經過哪些程序？」也是一種在談判中展現「真實自己」的做法。

4 積極商討對策，確實執行

談判的下一步該怎麼走？

談判時，絕對不能躁進。

透過步驟一到步驟三，了解對方的想法（目標、渴望的事物、個性、規則、志向等）之後，接下來該處理的問題就會自然浮現。

因此，我們要先冷靜下來，思考這次談判的最佳解決方案，不必凡事都急於一次解決。

建議各位從以下問題切入：

◎經過談判後，是否產生新的想法？

◎對於對方而言，我方的解決方案是否有難度？

◎是否還有其他有效的第三方？

◎是否有新提案？

第四個步驟就是要思考以上幾點。

此處相當於談判的「複習」、「檢討會」、「因應會議」。

如果是個人日常生活中的談判，便可當作「與對方聊過（談判）後考慮下次做法的時間」；若是商場上與公司整體有關的談判，第四步就是「腦力激盪的開會時間」。

根據談判獲得的資訊，列出自己或我方能力所及的所有事情。

即使是天馬行空般的創意也無妨。重新思考「我可以給對方什麼」、「怎麼做才會讓對方更高興」、「對方對於我方提案沒興趣的原因」像這樣回顧談判過程，一個接一個舉出我們所能想到的因應之道。

我們可以請其中一個人準備一大張白紙或筆記本，無論出現何種想法或關鍵字都盡量寫下來，我也建議各位多吸收他人的意見。

彙整多元的意見，更易找到因應措施

如果是會議型態，建議各位採用腦力激盪法，專注在「思考創意」上。會議中，無論誰提出什麼意見，都不能駁回，而是在白板上寫下每個人湧現的想法。例如：

「邀請某某人如何？」（不等價交換的想法）

「重點在金額。」

「A部長是關鍵。」

「這和以前某某案件很像。」

彙整各種印象與意見，接著訂出優先順序，再決定因應做法。

接下來，**思考如何訂定階段性目標，而非一下子就尋求結論。**

如果了解對方的規則或新的背景，應該能再次看出應該接觸的對象。相反地，或許也能理出「最好不要與某人談話」或「與某人接觸會帶來麻煩」的結論，為下次談判做好準備。

了解對方的需求，就有機會發現對雙方更有利的其他提案。

最後，再次審視談判內容並依情況而定，甚至可能考慮中止談判。

以上述方式回顧談判過程，如果結論是無法滿足雙方的目標，就應該將重點放在減輕雙方的風險。

是否持續談判、該如何持續、是否改變提案或停止談判等，這是我們應該在第四步驟中審慎思考的問題。

5 簽約完成的後續追蹤

白紙黑字的合約，絕非「合作關係」的保證書

談判的最後階段，就是你展現實際行動的時候。

❶ 決定最佳方案

❷ 以具體形式提出方案

❸ 確認期限

❹ 取得明確承諾

❺ 談判完成的事後追蹤

上述五點是非做不可的「行動」。

當你在第四步驟中仔細審視談判過程後，接著就要按照優先順序實際採取行動。

◎進行「不等價交換」（貢獻對方）。

◎與應該接觸的第三方接觸，作為談判的後盾。

◎或是轉達提案內容的變更。

方式不一而足，但優先順序在每次談判中自然有所不同。

挑選對方可能接受的提案，找出對於雙方風險較低的方法，並加以實行。

「以具體形式提出方案」，簡言之，就是必須思考「提案的做法」。

從細節來說，例如想變更提案內容或有新提案，甚至最後結論是「停止談判」時，以何種形式告知對方，將會影響長期的信任感。

打通電話就能解決嗎？還是要以電子郵件詳加說明？或者還要再找一次機會談判？

根據談判內容或對方的人格特質、情況，因應的方式千變萬化。若是電子郵件可以解決的簡單提議（回覆），不必特地浪費雙方的時間；相反地，有時候直接對話，也能有效建立往後堅固的關係。

這時候我們要注意的，就是挑選「對方最方便的形式」。

談妥條件後，採用「對方的方式」確立合作關係

此外，確認對方回答的期限時，也要考量到對方需要進行哪些流程，來討論你的提議（回覆）——這點也必須顧慮對方是否方便。

接下來，我們終於要取得對方的「明確承諾」（commitment）作為談判的「結尾」。

如何才能取得明確承諾，也就是「確實的約定」？需要簽訂合約書還是備

忘錄？或是口頭談妥就能解決？又或者需要留下某些文件（如電子郵件）？

這時候，我們依然會採用「對方的做法」。

「明確的承諾是在自由意志下做出的。」讓對方有此認知，也可以預防往後衍生的問題，建立長久的信任感。

長期追蹤，避免讓目標功虧一簣

最後的步驟，即是訂定後續追蹤計畫。

例如在商場上經常發生「更換承辦人員」的案例，為了避免談判內容模糊不清，請明確訂好「案子談成後由誰負責哪些事情」。

談判是為了「達成目標」，因此，我們絕對要避免在談判後，因為疏於追蹤後續，造成無法達到期望目標最大值的結果。

第4章

談判講究「習慣」

養成觀察並了解「對方規矩」的習慣，是最強大的談判武器。

——豐福公平，日本業務之神

養成談判習慣，為自己爭取更多

實踐談判術，別讓知識淪為空談

作者：請問教授，第三章提到的五大步驟，不僅適用於談判，也能運用在商場上的各種情況吧？

戴蒙：沒錯。大家都知道凡事按照步驟進行階段性工作，是商場往來的基本條件，而將這五大步驟作為解決問題的「思考順序」，也相當有效。當你面對問題的時候，請先思考目標該如何達成。

作者：謝謝！您教的方法真好。

戴蒙：但是，知道「方法」還不足以成為談判高手。

作者：「知道」還不夠嗎？

戴蒙：單是「知道」根本毫無意義。若能夠將談判的觀念運用在商場或日常生活中，將會改變你的人生。

作者：「超級談判術」可以改變人生？

戴蒙：我這麼說一點也不誇張。**只要將「超級談判術」內化成習慣，你就能為自己的人生爭取更多。**

作者：感覺似乎很令人興奮呢！

戴蒙：的確如此，因為你的日常生活，就是接連不斷的談判呀！

談判 Key Point 攻心術

把談判變成生活的一部分，便能得心應手、駕輕就熟。

1 熟能生巧，談判必須天天練習

任何事都脫離不了談判，練習的機會俯拾即是

「請經常練習談判。」

「各位今天認真練習過『談判』了嗎？」

戴蒙教授在研討會或大學課堂上，一定會向聽眾這麼說。

人生的各種場面都需要談判，這點我也感觸良多；在商場上打滾，面對顧客或相關公司等「外界」人士時，談判是理所當然的。此外，每天和公司內部人員的交談與管理，也是另一種談判的型態。

其實，**生活中也存在各種談判**。例如購物或到餐廳用餐時，和店員的交談

也是一種談判。家人之間的溝通、和丈夫、妻子間的關係也可以運用談判術，對孩子的教育、教養同樣是與孩子的談判。

因此，我們身邊可說是充滿了「談判場合」。所以，進行談判的機會俯拾即是。

本書分享的談判術，絕對不像速食一樣立即且簡單就能達成；本書的談判術可以運用在職場與生活中，讓你一輩子受用無窮。

但如果只將之視為一種知識，只是「知道」便毫無意義。我們必須實際應用，才能為你的人生帶來益處。

失敗是為成功累積能量

然而有時候，運用本書的談判術也會失敗，無法達成目標；但是你無須因此懼怕。

因為，戴蒙教授如此說：「實踐所學，接著吃下許多敗仗，然後再從中學習。希望各位不要對『失敗』心生畏懼。」他又說：「無論是誰，都只能夠做『自己』。一味模仿別人，只會落得四不像的下場。」

換言之，談判術必須實地運用，才能漸漸轉化成「自己的模式」。

勇敢嘗試，找出最適合自己的談判法

一般人總是喜歡追求「掛保證的技巧」。當我還是個衝勁十足的業務員時，身邊其他業務常問我：「豊福兄，能不能請你分享哪句話可以『神奇地』抓住客戶的心。」

或是詢問：「究竟有沒有『通用』的業務技巧，簡單教一下啦！」

其實，這種通用技巧是不存在的。

一百個人的腦袋中有一百種想法，甚至單是一個人的想法，也會因為狀況而不停改變，所以「窺探對方想法」才顯得如此重要。

世上不可能有一種簡單的方法，可以適用於所有人與所有狀況。

所以我們才需要練習、下苦功。我認為傳統「擊敗對方」的談判方式，失敗時的風險與傷害較大。這也是理所當然的，因為失敗即代表「你是輸家」。

相較之下，「超級談判術」並不把焦點放在輸贏，只著重於是否能達成你訂定的目標。

因此，我們可以盡量試著談判，不必害怕失敗或有所顧慮。

請讓談判成為你的「習慣」。

2 開場前十五分鐘，先聽對方說

「提問」是了解對方的第一步

在商場的應對上，首先該做的就是讓對方覺得「很慶幸和你見面」。因此，我們必須窺探對方的想法，掌握他當下的想法。接下來，因應對方的思考、想法與心情，再展現出「我懂你」的態度。而且，因為對方的想法時時在改變，絕不能怠於觀察——這也是談判的第三步驟。

突破第一道關卡需要的時間是十五分鐘。只需要短短十五分鐘，就能帶出對方「目前的狀況」。

當然，我們必須在準備時就先「蒐集資訊」。而且，在開始談判的前十五分鐘，要稍微釋放出與對方有關的資訊。

以「人物」為中心，引導對話主題

以我常用的方法為例，我會在對話中提到「第三方」，例如：

「您和某某先生認識很多年了吧？之前我和他見面時，他還要我代他向您問好呢！」

「您是某高中畢業的學生，所以是巨人隊某球員的學長囉？」

像這樣讓彼此的對話以「人物」為中心。如此一來，對話便會按照對方的背景展開，而且話題也能從第三方延伸出去，十分方便。

至於「十五分鐘對話」的祕訣，就是向對方「提問」，重點在於「讓對方開口說話」。

提出事先調查所獲得的資訊，會讓對方感受到你想表達「我對你很有興趣」。此時，請想辦法探出對方的想法。

從表情或動作等著手，也能夠觀察對方在想什麼。實際上，市面也充斥著許多心理學書籍，將此融合在商管技巧中。

再漂亮的開場白，都不如「一個問題」有效

不過，最簡單的判讀方法，就是觀察對方所使用的「口氣」，以及說話的「內容」。

因此，除了請對方開口說話之外別無他法。

大多數人一開始談生意，就會像連珠炮般不斷講自己的事。例如：

「本公司目前正推動某某事業……」

「本商品的特徵是……」

「這次有幸透過某某人介紹牽線，我和他曾經……」

假如這樣，無論你的自我介紹多麼高明，依然很難讓對方覺得「很慶幸跟你見面」。

想讓對方「慶幸與你見面」，你必須是個「對他有興趣」、「有意願了解他」的人。

因此，我們應該在談判開始的前十五分鐘內，有效運用蒐集來的資訊，之後再去了解對方「對自己有何要求」。

3 和討厭的人往來，也是一種談判

擁有堅定的目標，就不必避開任何人

有些人會擺出一副「我真的很討厭你」的態度，甚至直截了當地說出口，實在不免讓人火冒三丈。此外，大多數人也都有自己「不論如何就是無法接受」的對象。

「討厭我的人」、「我討厭的人」，從前的我會設法將前述這兩種人「排除」在工作以及生活外。

「有人討厭我也沒辦法，反正還有喜歡我的人，珍惜他們就好。」

「真不想和討厭的人一起工作，不知道怎樣才能避開。」

我們總是一心想著和討厭的人「拉開距離」。

但是，如果把和討厭的人建立關係想成「談判」呢？

和對自己有好感或是仰慕自己的人相比，或許與他們接觸時，精神上的確比較累人。

然而，戴蒙教授曾說過：「不要害怕失敗，失敗才能學習。」、「生活中無處不是談判。」

把「討厭的人」當成貴人，創造雙贏

訂定「目標」，試著了解對方，給予對方想要的；並且還要徹底蒐集「與對方有關的資訊」作為談判的工具。

我們要善用「超級談判術」的技巧，面對討厭自己的人，以及自己討厭的人。這樣做可以拓展我們人際關係的容量。

過去，我們總是一心想著如何將對方排除在外，但是現在可以變得更積極正面，思考「如何創造雙贏關係」。你不覺得這樣比較開心又令人興奮嗎？

「討厭的對象」是成功機會的製造者

商場上人們常說：「如果能和交惡的對象建立良好的關係，將會迅速出現許多機會。」這句話一點也沒錯。在我以前交涉的對象中，有位老闆曾說過：「豊福公平？我超討厭那傢伙。」

因此，我努力地運用「談判術」與對方打好關係，思考我和他的共通點，以及我能從該共通點獲得什麼好處。

對方想要的是什麼？怎樣才能對他有所貢獻？**重點在於「對方怎麼想」，而非「我怎麼想？別人如何看待我？」**努力了解對方是怎樣的人，思考如何做能使他真正感到高興。

之後，我終於和那位老闆建立新關係，連帶在生意上也有好結果。我與他的公司簽下三千名員工的保險合約，此外更透過他介紹許多公司的客戶。因為他的關照，我每年所簽下的合約超過一萬件。讓討厭自己的人成為最可靠的夥伴——這一切都是「談判」的功勞。

4 看出部屬真正的需求，是主管的責任

把公司的內部管理視為「談判」

我身處經營階層，也把公司的內部管理視為「談判」。我希望達成每位員工不同的目標，而不只是獲得輸或贏的結果。

我能從對方身上獲得什麼？我能給予對方什麼？管理的世界，可說是一個清楚明瞭的談判舞台。

每位員工的目標雖然各不相同，但既然身在同一組織內，隸屬其中的人就必須在相同目標的大前提之下努力邁進。因此，經營階層最大的任務，就是明確提出目標所在。

此外，**經營階層也必須打造持續溝通的職場環境，建立「辦公室文化」**。

第一章中曾經提過，溝通的基礎建立於以下三點：

❶尊重對方

❷傾聽對方說話並提問

❸將現場狀況說出口

老闆的一舉一動將會成為員工的行為準則。如果老闆主動傾聽員工的意見，公司就會具備開放的風氣；說出自己感受到的氛圍，也可以改變整個公司的氣氛，甚至影響公司文化。

高高在上地下達命令，或是不願意傾聽員工的意見，這些禁忌各位應該都知道。

此外，**我也認為必須設置溝通的機制，打破上下或部門間的藩籬**。換言之，最直接的做法就是舉辦「公司全體的活動」。

順便向各位報告，我的公司經常有新的生力軍加入，此時全公司就會特別舉辦歡迎會，讓所有人因為新進人員這件事（即使只有一位）而炒熱氣氛。

探知部屬的真正想法，主管責無旁貸

至於所有位階是「經理」的人，都應該努力探知自己部屬的想法，時時探詢部屬想要什麼、面臨什麼問題。

或許，我們有時也需要向「第三方」（同事等）取得消息。**我們最常犯下的錯誤，就是看錯對方「真正的需求」。**

「在商場上打滾，追求的當然是金錢或地位。」

這是許多人先入為主的看法，雖然看似理所當然，但是每個人的價值觀並不相同。

有些人追求的不是加薪，而是更多休假；有些人不想升官當經理，喜歡實際出去跑業務。想知道對方「真正的需求」，必須仔細觀察每個人的想法才能夠了解。

溝通並蒐集和對方有關的訊息，則有助於了解對方的想法。因此即使在公司的內部管理上，依舊是「每天不停談判」。

5 丟掉情緒包袱，和討厭的主管談判

不必接納討厭的同事或主管，也能合作無間

「主管不了解我，也不願意肯定我。」

「他只會把難辦的案子推到我身上。」

「他認為自己的想法都是對的。」

「他的做法和想法根本是錯的。」

很多人對於「主管」有所不滿。而主管在職場上扮演的角色，其影響力之大，甚至會左右你的職涯命運。

若在討厭或領導無方的主管底下做事，會讓你的職場生涯一片黯淡。

「哎呀！在這種主管手下工作，我還真倒楣……」

如果只是這樣滿口抱怨，事情不會有任何改變。為了能夠好好工作，你必須解決問題，也就是想辦法「改變主管」。

此時，請你抱持「談判」的心態，而談判的目的，便在於達成你的「目標」。極端而言，你不必喜歡那位討人厭的主管。

因此，若將「好惡」這種情感因素當作前提，絕對無法順利進行談判並達成目標。

按照談判步驟「獲取對方資訊」、「窺探對方想法」，在此過程中，你自然有可能了解主管，並在情感上「逐漸接近」他，最後與主管建立良好的關係——這樣固然不錯，但也別忘記，你的目標終究是「讓工作順利進行」。

首先，別流於情緒化，冷靜地處理吧！

例如：你有一份急欲推動的企畫案，不過主管卻打算直接駁回，他只表示你的案子不會獲得好結果，卻沒有說出明確理由。

「哪會這樣？你為什麼肯定不會成功呢？」

「怎麼又來了？算了，這傢伙沒救了！」

此時千萬不能動怒，更不需要自暴自棄。**假如主管批評時明顯流於情緒化，我們就從「關注情緒」下手**：思考主管為什麼認為企畫案會失敗，並設法引出對方的答案。

直接詢問，「談判」才能達成目的

另外，「直接詢問」也是方法之一：「請問問題出在哪裡呢？」在尊重對方的前提下，抱持請求指教的態度，而非「你有本事就說來聽聽」的輕蔑感。

除此之外，「以規則為後盾」或「運用第三方」也是談判的技巧之一：

「企畫案要透過全員開會討論，所以請先提報會議討論。」

「我和A部門的部長提過，他也覺得還不錯。」

最糟的狀況是你也被情緒左右，阻斷了與主管溝通的橋梁。如此一來，你只會離達成目標之路越來越遠。

「相談甚歡」並不等於溝通，想達成目標，請進行「談判」。

6 別把威脅當作談判的手段

了解孩子的需求，創造家庭關係的雙贏

在家庭中，我們也要和家人建立雙贏的關係，這顯然也是一種「談判」。關於孩子的教養，戴蒙教授也認為父母應該和孩子好好「談判」。例如「孩子偷懶不練琴」的時候，你會如何敦促他練習呢？

❶「大罵『不好好練習怎麼行！』」

任何人都知道這樣說就是犯了大忌。

談判時，首先要避免的就是「情緒化」。對於我們的負面情緒（如「憤怒」等），對方也會以負面情緒（如「恐懼」、「抗拒」等）予以回報。

如此一來，我們便無法和孩子建立良好的關係，更別說達成互相信任的雙贏關係；最後，「談判」便宣告失敗。

❷逼迫孩子：「不練習就別想看電視！」

這種做法是「提出備用方案」，即「不做A就不能做B」；另一種模式是「不做A就要做B」（例：不練習就要把玩具丟掉）。

這樣也無益於建立信任感。對孩子來說，這是父母仗著權威進行的「脅迫」。若在職場上這麼做，立刻構成職權騷擾了；而且，我們很容易一不小心就這麼做，必須多加注意。

❸「你如果好好練習，爸爸（媽媽）會很高興呢！」

這個說法聽起來比較溫和，也沒有表現出「負面情緒」，使得不少人覺得這樣說很管用，但若從談判的角度來看卻並非如此。

為什麼呢？這是因為話題的中心變成了「自己」（爸爸或媽媽）。請回想談判的基礎在於「對方就是一切」、「自己是最無足輕重的人」，自己高興與否和對方完全無關。

雖然好像有點無情，但談判實際上就是這樣。

那我們到底該怎麼做？

孩子擁有自己的想法，仔細探察才有助溝通

總之，我們應該從「窺探對方的想法」開始努力。

雖然談判的對象是小孩子，但出於每個人的想法天差地遠，所以我們要和孩子對話，並從日常生活中尋找「不想練習的原因」。

例如想辦法蒐集「若不想練習，那麼孩子想做什麼呢？」等資訊。接著，再將孩子想要的東西當作「獎賞」給他。

此時，**我們也必須思考對方「真正想要的事物」**。

有些孩子希望每次練習結束後，父母能對他說：「做得好，你真乖！」即希望得到「父母的稱讚」作為獎賞。

某些孩子則希望練習完畢後，可以得到「看電視」這個獎賞；或是以「目標」作為獎勵，例如「連續練習三星期就可以去遊樂園玩」。

「窺探對方的想法，了解他真正想要的事物。」這點無論在何種談判場合中都相當重要；當然，家人之間也不例外。

7 時常觀察對方的喜好

不小心得罪對方，該如何善後？

前文中，我已經強調過數次，「超級談判術」的關鍵在於「找出對方真正想要的事物」，這在談判中當然不是指「物品」。

◎對方想透過這次談判獲得什麼？
◎對方的目標為何？
◎我方能在物質上給予對方什麼？
◎我方能為對方做什麼事使其高興？
◎我方可以運用什麼籌碼進行「不等價交換」？

以上都是談判高手經常思考的問題。

「給予對方想要的事物」這種講法或許給人一種「高高在上」的感覺。而且，假如抱持給對方好處的想法，對方可以輕易看出這種心態，如此只會得到反效果：

「這個人在討好我。」

「我可不是會被禮物收買的人。」

「他在賣我人情。」

因為對方也打算窺探「你的想法」，思考「為什麼你會給我這些好處」。

所以，除了談判內容之外，若是為了建立信任感而給予對方好處時，必須具備「百分之百奉獻」的認知。

過去的職場文化中，「招待」與「禮物」是行之有年的「必備」陋習。但是在現今的時代，這套方式已經行不通了。

「施與受」這種「因為我付出，你也得還禮」而要求回報的做法，早已不再是全球通用的談判標準。

如果不是真心想為對方有所貢獻，你的禮物就毫無意義可言。

選對送禮的時機，避免善意被誤解

此外，從技術性的角度來說，**贈送禮物的「時機」**也很重要。

我曾經因為某件事惹惱一位年輕男顧客，在我不斷思考對方「生氣的原因」、「如何解釋才能平息怒氣」，並針對我的錯誤致歉，關心對方的情緒之後，對方才終於體諒我。

因此，我為他準備一份禮物——高級鋼筆，若將耗費的成本和造成糾紛的原因相比，實在相當不划算。

但是我卻抱持百分之百為他奉獻的心情贈送禮物；他曾是在商場上大放異

彩的企業戰士，因此我認為高級鋼筆相當符合他「精明幹練的形象」。

和他談判（請對方息怒）結束之前，我將高級鋼筆交給他。並對他說：「這是我的一點心意，期待您在工作上有出色的表現。」

假如我在談判開始就致贈禮物，對方或許會更加生氣，以為我想用禮物敷衍他。安撫情緒並不容易，因此請各位養成「給予對方一些好處」的習慣。

當你贈送禮物給他人時，別以為「隨便送什麼都可以」，請認真挑選禮物，並抱持完全為對方奉獻的態度。

不但如此，也要認真考量贈送禮物給對方的時機；所以，我們每天都有許多「練習談判」的機會。

8 熟悉對方的規則，絕對不吃虧

以彼之道還治彼身，勝算最大

「每天練習談判」是戴蒙教授提倡的做法，幫助我們更擅長談判。

在我們的社會生活中，「談判的機會」隨處可見。購物、至餐廳用餐訂位、搬家或簽訂租賃契約都需要談判；此外，車禍等意外、對商品或服務不滿意時也需要談判。

各種情況都需要談判。不過，日常生活中的談判和職場不一樣，我們幾乎無法調查對方的背景，意即無從準備。

此時，**「以規矩為後盾」的做法，可以成為你強大的武器**。因為取得對方的規矩（規則、規範）等資料，相對而言比較簡單。

例如：商品或服務出問題時，我們可以在那家店（或廠商）的網頁、公司簡介中查詢規則，再從「商品保證事宜」或「服務方針」開始著手，向對方提出質詢。

「你們的規矩是這樣定的，我的狀況不適用嗎？」

這絕對不是「奧客」的行徑。如此明確而冷靜的「談判」是為了達成自己的目標，也是為了讓對方達成目標。

對商品、服務不滿意，如何有效爭取權益？

例如外出旅遊下榻飯店時，假如飯店的服務方針是「盡力讓顧客度過愉快的時光」，但是客房卻有所缺陷，如髒汙、設備故障等狀況，想必你會要求飯店改善吧？

此時，你必須記得自己的目標是「度過愉快時光」而非「換房間」。

如此一來，你便符合了飯店的「規則」(方針)。

公司或店家多半會設置以下規則：「顧客優先」、「保證好吃」、「服務周全」等。

因此談判時，你就要善加利用這些規則。這樣做毫不取巧，因為公司或商人的目標，絕對不是「打破規則」。

另一項重點則是仔細看清楚各種契約的內容，以及商品的保證範疇，並在談判前事先確定完畢。

因為我們不知道談判的機會何時會出現，為了防範於未然，平時就要養成習慣，多觀察並了解「對方的規矩」。

9 私人生活越充實，越懂得如何談判

談判高手絕不輕易放過「累積籌碼」的機會

我所認識的那些「事業有成」的人之中，大多數人的休閒生活都很充實。幾乎沒有人會這樣表示：

「唉呀！我從早到晚都在工作，哪有什麼休閒生活？」

「假日我就沒力氣了，整天在家睡覺呢！」

事業有成的人，下班後會和工作上沒有直接關聯的朋友聚餐，或是珍惜與家人相處的時光。

假日則會投身於興趣之中，或是享受旅行。閱讀大量書籍、聆聽喜歡的音樂或和各式各樣的人接觸，探索各種不同的領域。

至少在我認識的「成功人士」中，沒有人把工作當成人生的一切。除了工作之外，都會忙於各種休閒活動。

如何在談判場外，鍛鍊談判技術？

有些人認為享受私人時光，可以讓心情煥然一新，才能夠專心工作。我也覺得讓心情煥然一新，確實會對工作造成很大的影響。

不過，我的想法有些不同。

擁有充實的休閒生活，最終能夠獲得許多資源（材料），進而對工作有所幫助，使之順利進行。

從「談判」的角度來看，談判高手能給予談判對象許多好處，並擁有豐富的選項以提供「不等價交換」，並且以包容的態度享受「與對方的差異」。

我認為這些「選項」與「包容的態度」，都來自於充實的私人時間。即使你不是為了「工作」，但休閒時閱讀的書籍，或從興趣中習得的知識，以及在交際中累積的人脈或資訊，都會成為職場上生存的助力。

「人生無論任何場面都是談判。」

誠如戴蒙教授所言，在休閒時間積極行動的談判高手，或許他們本身並未察覺，但是他們在工作以外的場面，也一樣會進行各種談判，並且鍛鍊技巧。

「生活中只有工作。」

「每天往返於公司和家裡。」

「假日整天都在睡覺。」

「下班後只會上網。」

若是如此，談判技巧不僅不會精進，業績也絕對不會提升——各位應該能夠理解。

接觸廣大人群、探訪各種地方、閱讀大量書籍、以興趣培養感性；擁有充實的休閒時間，可說是成為談判高手的必備條件。

第5章

談判講究「人格魅力」

享受「差異」是頂尖談判高手們的共通特質。

——豐福公平，日本業務之神

體察人心，是談判的最高境界

真心為對方爭取利益，建立幸福的合作關係

作者：現在的我十分清楚了解，每天都充滿談判的機會。

戴蒙：只要是與人相關的事情，應該都有「正面結果」；「談判」也可稱為實踐該目標的途徑。

作者：這樣說確實沒錯。「打敗對方」的傳統談判方式，或許很難追求正面的結果。

戴蒙：假如每天談判時都得拚個你死我活，不是很累嗎？「超級談判術」是為了對方的利益與喜悅著想，因此可以帶給你真正的幸福。

作者：這就是能夠改變人生的談判術——您說得果然沒錯。

戴蒙：最後，我要將超級談判術最精妙的觀念傳授給你，可以幫助你活出更豐富的人生，進一步提升人格。因為談判中，最重要的就是「人」。當你的人格高尚，就會越來越懂得如何談判，然後你又能更進一步，繼續提升你的人格。

作者：學習超級談判術的過程，就像是幸福的循環，每天都感到很開心！

談判 Key Point 攻心術

高尚的人格如同磁鐵，能夠吸引無數貴人，為你的人生打下穩固的「幸福基礎」。

1 提醒自己「對方和我不一樣」

成為一個能夠享受差異的人

不同的想法、工作方式、生活經歷、家庭背景……，人們通常對於「與自己不同的人」沒有好感。

這多半是因為感受不到共鳴（親近感），所以這也是理所當然的反應，確實無可奈何。

此外，不同的文化、語言、價值觀等，世界上充滿許多差異性。

不過，戴蒙教授將這些「差異」形容為「利益與創意的寶庫」，並且可以藉由談判帶來好結果。

不僅如此，每一位談判高手都能夠接受「差異」。

關於這點，我也從自身的經驗中，獲得深刻的體會。

對方和自己的差異帶來突破性的關鍵，更因此建立彼此的信任感。

所謂對方與自己的差異，就是雙方的「自主性」。換言之，若雙方都能夠肯定彼此的自主性，就能開始建立信任感。

舉例來說，如果談判對象的觀念和你完全不同，你只需承認這個差異即可：「原來如此，這也是一種不同的看法呢！」

這代表你尊重對方，此時，「做自己」也很重要。

從容自在，是談判高手的必備姿態

我們也可以把差異當作「新知」。

對方擁有你過去不曾了解的知識，也許新創意或不同的選項就源自於這些差異，不是很令人興奮嗎？**將差異轉化為加分因子的祕訣，簡單來說就是「享受差異」**。

例如，我的公司規模雖然還很小，但與我們談判的公司有時卻是日本首屈一指的大企業。此時，我也會很享受這種「公司規模的差異」。

「原來公司規模擴大之後，會十分注重這方面。」

「我的公司未來可能也會需要這個系統。」

當你這麼做的時候，談判也會為你帶來新發現。

樂於接納各種聲音，談判是無止盡的學習

雖然有些不可思議，但是對方與自己的差異越大，的確會令人越高興。當然，想要享受差異，自己也必須「從容自在」。

「若是沒簽成這個案子，下個月就沒薪水了！」

假如抱持這種「必死覺悟」坐上談判桌，絕對無法享受差異。因此，首先請讓自己保持從容的心態，鼓起勇氣丟掉把你逼得十分緊張的「壓迫感」。

如此一來，你就能在談判中獲得理想的成果，而該成果又能夠使你更加從容，形成良性循環。

面對雙方的各種差異時，「談判高手」能夠樂在其中，你應該也會認同這點吧！

2

比技巧更重要的就是信任

除了技巧，還要「鍛鍊」什麼能力？

關於「什麼是信任」這個問題，戴蒙教授如此回答：「『信任』就是認為對方會保護自己的『安全感』。」

假如對方信任你，代表即使自己面臨風險，你仍會出手相助，因而感到安心。而我認為這份「安全感」，絕對不是單行道。

請想一想自己信賴的人，當他有困難的時候，你應該會願意伸出援手，為對方盡一份心力。此時，對方多半也會有「請你出手相救」的安全感，同時，你也會因為「安全感」而願意幫助對方。

「無論何種情形，對方都會保護我。」你為了保護對方，無論背負多大的風險也毫不在乎，因為對方也會保護你。

這並不是「施與受」的關係使然；而是在彼此建立的安全感下，形成不計得失的「心情」。若再說得更直截了當些，就是「我絕對不會害你」。

假如把這點放在談判上，就是「我不會想對你不利」、「我不會只想著自己的好處」。

這種態度即使沒有掛在嘴上，也會成為「我信任你」的最佳證明。信任感是追求和對方共同獲利時的條件，也是談判成功的祕訣。

建立「信任社團」，推展人際關係

這樣的信任感要從何開始建立呢？這得從你先信任對方開始做起。

可惜的是，我們和素未謀面的人，往往無法在初次見面的當下就建立信任感；必須花時間、想辦法讓雙方皆了解彼此的為人。

此外，還有一個扼殺信任的原因——我們有時也會遭到信任的人背叛。

我在商場上打滾多年，嘗過好幾次遭受背叛的經驗。「對方未遵守承諾」、「事後才發現他只考慮自己的利益」……這種事情屢見不鮮，世界上沒有任何「魔法」，可以幫助我們瞬間判斷對方的為人。即便如此，**我們還是要從「信任對方」開始，推展雙方的關係，別害怕遭到背叛**。

當你有過信任好幾個人的經驗後，「值得信任的人」也會圍繞在你身旁。這樣一來，你的「信任圈」就會逐漸擴大，總有一天，身旁就不會再出現不值得信任或背叛你的人。

這種「信任社團」並非一朝一夕可以形成。信任對方，不畏懼背叛，累積經驗之後才能達到，也可說是你的資產。

讓我們主動信任對方，開始建立充滿信任感的世界。

3

公開示弱，誠實為談判的最上策

「對方的規矩」是談判的「護身符」

想要獲得對方的信任，必須先信任對方。若想取得對方的信任，其中一項大忌就是「說謊」，不過，你也許會這樣認為：

「說謊是為了求方便。」

「有時候也需要『虛張聲勢』。」

這種觀念在過去的談判桌上被視為「常態」。

實際上，我也曾因為不想被對方看扁，希望自己看起來更加精明幹練，所以即使沒有「說謊」，但有段時間也總是打腫臉充胖子。

即使心中有煩惱的事，也絕對不會表現在臉上；無論身體多麼不舒服，也會打起精神——以前，我認為這就是企業戰士的準則，也是面對談判時應有的態度。

相較之下，戴蒙教授卻要我們反其道而行：

「把一切攤在陽光下。」

「做自己就好。」

「讓對方看見真實的自己」可以說是獲得對方信任，讓談判順利進行的祕訣之一。

例如你和談判對象見面時，心中掛慮某事或身體不適時，反而要把真實狀況告訴對方，不必害怕對方看出來而苦苦硬撐。

「今天我有點坐立難安，其實是因為我兒子發燒。」

「我的身體從昨天開始就不太舒服，抱歉讓您費心了。」

主動展現短處，是贏得信任的捷徑

此外，戴蒙教授說過，我們要盡可能將自己個性上的弱點（缺點）向對方表明，也就是主動坦承。例如：

「我有時候比較強硬，如果讓您感覺不大舒服，煩請務必告訴我。」

「我的個性比較保守謹慎，談事情的時候可能會重複跟您確認好幾次。」

我與人談事情的時候，也會直接說出自己的感受，例如：

「老實說我現在很驚訝。」

「啊！我剛剛想到一個好點子。」

乍看之下可說是「個性老實，不懂得做人」。不過，我從經驗中清楚了解，**表明「真實的自己」，是獲得對方信任最好的方法。**因為對我們而言，「做自己」是最快樂的事。我堅信對方一定會感受到這股愉悅的心情，絕不會有任何不悅。

話雖如此，我們一開始仍難免會抗拒表現出真實的自己。脫下鎧甲，以肉身面對對方，還是會讓某些人感到恐懼。

不過，這也是「習慣」的問題。總而言之，「不說謊」是不變的準則。讓我們鼓起勇氣，以「真實的自己」縱橫商界——這就是戴蒙教授所傳授的談判密技。

4 尊重就是正確評估對方的能力

培養感謝的習慣，內在也將因此而改變

前文曾提過，談判時必須「尊重對方」。

傾聽對方的意見，不要一心想著壓過對方。不僅在談判場上，欲建立信任感時，尊重也是不可或缺的態度。

我們常說「某人很大度」、「這個人不拘小節」、「他總是寬以待人」……，每個人對於「度量」的印象不盡相同。

我認為度量大的人，就是懂得「尊重對方」。

無論於公於私，我身邊「度量大的人」都懂得尊重他人，了解他人的「立場」與「實力」。

例如至餐廳用餐時，打工的服務生不小心將你的飲料打翻，服務生慎重的道歉，並幫忙擦拭你的衣服與桌面。

此時，若是不分青紅皂白，向服務生大聲怒斥：「你搞什麼？」「你怎麼賠償呀？」

如果這麼做，度量實在不大。如果弄髒衣服，要求補償洗衣費尚屬合理，飲料灑在餐點上則應要求更換。

不過，假如你抱持尊重對方的態度，應該會這麼想才對：「他可能還是菜鳥工讀生，既然如此，向他要求什麼賠償也沒用。」

因此，你只需向餐廳的管理階級告知事實即可：「我的衣服被弄髒了。」

這樣做並不是看扁服務生。

因為，正確接受對方的立場與實力，就是一種尊重；接著，請再冷靜判斷自己究竟應該和誰談判。

○練習感恩，做個度量大的人

前述案例是我心目中「度量大」的典型。話雖如此，想在短時間內改變自己、做到「尊重對方」，或許很不容易。

人們總是會優先考慮到自己，這點我無法否認。

因此，各位不妨在日常生活中稍微改變自己的想法，試著養成尊重對方的習慣。該怎麼做呢？其實很簡單。**請試著向你生活中遇到的每一個人「懷抱感恩的心」**。

我並不是在闡述某種宗教信仰，也不打算要各位成為「聖人君子」。只是希望透過「某人對我有所幫助」這樣的想法，幫助你養成面對他人時的尊重態度。

無論在公司、家庭或街上，所有和你接觸的人，都會帶來一些影響，總有些值得感謝之處。我所認識「度量大的人」，確實都常把「謝謝」掛在嘴邊，而且絕不會厚此薄彼。

5 觀察對方的情緒，再決定談判是否繼續

負面情緒會蒙蔽判斷力，「暫停談判」也需要學習

「如果可以展現『真實的自己』，不高興時就可以拍桌大罵。」

「這麼做說不定會給對方留下深刻的印象。」

假如真的這麼做，你就大錯特錯了。不管多麼強調「做自己」，也不能把當時湧上心頭的負面情緒（憤怒）砸向對方展開攻擊。

戴蒙教授如此斷言：**「情緒是談判的敵人。」**

「憤怒情緒」將會在談判中產生以下問題：

◎無法傾聽對方的意見。
◎無法預測話題的走向。
◎迷失自己的「目標」。

製造空檔，緩和緊張氣氛

換言之，憤怒情緒完全無助於達成目標。

因此，談判時汲取對方的情緒便顯得格外重要。例如對方現在是喜或怒，還是漫不在乎等。

相反地，假如流露出你自身的情緒，反而會讓談判即時打住。確切而言，此時必須讓談判暫停才對。

如果你因為被對方侮辱而氣得火冒三丈，繼續談下去也是白費力氣。

所以，請「冷靜地」向對方表現「真實的自己」。

你不妨向對方說：「不好意思，我變得有點情緒化，請讓我冷靜一下。」藉此在談判中製造空檔，緩和氣氛。

身為這場談判承辦人的你，假如變得情緒化，或許就已經不適任了。因此，談生意的場合中，有時也必須考慮更換承辦人員。

對方的態度是一種「訊息」，幫你找出因應之道

現在的我已經學會隨時注意「尊重對方」、「懷抱感恩的心」，但是年輕時，也難免會對談判對象感到火大。

這時候，我當然不會怒罵對方，並且是從那時開始，不斷練習「一點一滴慢慢來」——也就是「製造空檔」的意思。

階段性思考談判狀況，就能夠培養預先設想的能力，例如：

「在今天的談判中，對方既然是這種態度，下次我應該……。」

把對方「令人火大」的態度當作一種訊息，並且準備因應之道，如「改變話題」等等。總而言之，請避免被對方「牽著鼻子走」。

談判雖然不是一決勝負，但是你在談判之中，仍然不能忘記自己「應該達成的目標」。

如果讓情緒阻礙自己達成目標，實在太可惜了。所以，請先製造一個「冷靜下來」的空檔，提供自己喘口氣的機會。

6 追求目標前，先劃下「終點線」

設定具體的「終點」，才能朝正確方向奔跑

談判是為了達成目標，因此，設定自己的目標是非常重要的工作；不過，似乎有許多人對於「目標」二字有所誤解——就是錯把目標當成「願望」。

「如果事情是這樣就好了……。」

這種願望稱不上目標；所謂目標，應該要有明確的「終點」，是具體的「規畫」；**如果沒有「規畫」出「終點」，就無法對目標採取「行動」**。

舉例來說，「我想當音樂家」只是單純的願望，無法直接成為目標。

如果想將之變成明確的目標，則必須設定終點，例如：

「我要在二十五歲前成為音樂家。」

另外，也必須思考要採取何種行動，藉以達成目標。如：

「下個月前要寫好五首歌，並將母帶寄給唱片公司。」

「三個月內要舉辦幾次現場演唱會。」

像這樣具體安排行程，可以讓你付諸實行，進而達成目標。

談判也是如此，如果只是一心想著「打好關係」、「求取雙贏」，都稱不上是目標。

所謂的「良好關係」是什麼？什麼樣的狀態才是「雙贏」？所有的事情都必須明確而具體，否則只會淪為空談。

「談判後對方能獲得○○，而我可以獲得××。」

若再搭配上具體的時程（達成的期限），那麼設定終點與規畫策略都會更加明確。

因此，應該要將目標寫在紙上，規畫好達到終點的路程，而不是只放在自己心中。

阻斷退路，也是達成目標的手段

順帶一提，許多公司針對個人或部門，都會規畫「年度目標」、「每月目標」等；不過，我的公司卻從不刻意追求「目標」。

相對地，我的公司追求的是「終點」。追求個人的終點、部門的終點以及公司的終點在何處。

選擇設定終點而非設定目標，是因為這麼做可以阻斷願望與退路，讓人安

排具體的時程直到終點為止，避免產生以下想法：「雖然好像做不到，但若可以成功就賺到了。」

當然，「終點」並非一蹴可幾。正因如此，我們才需要安排縝密而具體的行程與行動。

現在，請在自己的手帳寫上「終點」吧！

7 談判能夠改變你的人生

這種「看待事物的方式」，並非短視近利的技巧

我學習戴蒙教授提倡的談判術，並根據其觀念「每天實踐談判」，並且切身體會談判術使我的人生變得更加豐富。

我在商場上的談判風格，有段時期曾經被以下想法控制：

「談判就是戰鬥。」

「一定要壓制並打敗對方。」

「堅持自己的主張，並獲取利益。」

無論面對談判對象或勁敵，我一心都只想著「求勝」。結果老朋友抱怨我變了，也被妻子責怪：「你滿腦子都是工作，只想著簽下案子。」

和談判對象及勁敵作戰，也讓我感到十分疲憊，絲毫沒有內心的平靜，但我一直以為嚴酷的商場就是如此。

談判的力量，深不可測

沒想到，戴蒙教授的談判術讓我獲得解脫。了解對方的喜悅、被對方了解的喜悅、受到對方信任，體會互相謀求共同利益的精妙之處，並且從「不等價交換」的過程中，獲得了充實感。

確切而言，「超級談判術」幫助我活在各種喜悅之中。並且，由於生活中充滿了各種談判，實踐超級談判術，讓我每天都活得很愉快。

世界上不會有兩場一模一樣的談判，因此實行談判術時，可以讓人體會到各種喜悅。最重要的是，透過談判達成自己目標的成就感，更是格外特殊。

不僅如此，不擅長談判的人，也能輕鬆變成「談判高手」。原本業績很差的業務員，一定也可以透過談判逐漸累積成果。

於公於私，**和各種人談判，不僅能讓你的人際關係更豐富，或許還可以讓你產生新的機緣，藉此帶來新的商機，進而建立強大的信心「做自己」。**

最後，我要特別提醒各位，這項談判術並不是「耍小聰明的技巧」。本書並非讓你記住技巧，只在必要的時候使用，那麼這和傳統談判便無甚分別；反之，超級談判術是巨幅改變你的「新觀念」。

談判，具有改變你人生的強大力量，請好好運用它。

後記　享受談判樂趣，自由主宰人生

學習「超級談判術」，大大改變了我的人生。

人生時常因為一個小契機，而出現大幅改變。在我學習本書的談判術後，不僅獲得自信，並且進一步拓展事業；此外，日常生活也變得更加豐富，這些都是不爭的事實。

因此，我希望讓更多人認識這套改變我一生的談判術；也因為這個想法，成就這本書的出版。

在全球化的風潮下，許多人到國外發展，希望能大展身手。**因應時代潮流，我們需要全球通用的談判方法。**

現任紐約洋基隊投手的田中將大挑戰大聯盟時，對方派出專業的談判高手，運用的就是本書的「超級談判術」。

學習談判，是邁向全球化的第一步

在生意場上，也有許多外商企業很擅長談判。此外，國際政治的舞台上，國與國之間每天也都需要談判。

往後的時代，我希望更多人學習適用於全球的談判準則，並以此為基礎，懷抱信心進軍海外。

這些當然不僅限於專業運動的明星選手、大企業的商務菁英，或身兼外交重任的政治人物身上。當你學會「超級談判術」後，代表已經打穩基礎，可在全球一展長才。

請懷抱信心，並且靠著你所學會的談判術，自由主宰你的人生。

衷心期盼各位讀完本書後，能夠實現自己的「目標」。

謝詞

本書的出版契機，是在岩谷洋昌先生的介紹下，認識SB Creative出版社的總編輯吉尾太一及編輯中西謠而得以實現。因為他們的協助，我才得以將想法集結成書，由衷感謝你們。

另外，也感謝岡崎奈奈、稻村徹也、岡田基良、佐藤廣康、占導師幸輝、望月俊孝、吉野真由美、布丁屯嘉桂香、塚田侑、遠藤崇央等先生小姐們在出版過程中的鼎力相助。

Gift Your Life的夥伴們，今後將會更令人期待，讓我們一起努力。西山敏郎、山崎壽，謝謝你們。當然，我也衷心感謝我的導師史都華・戴蒙教授以「超級談判術」改變我的人生。

最後，我要對最寶貝的家人說聲，謝謝你們！

特別收錄

超級談判術的五大絕技

❶ 按部就班，確實執行 STEP 1 ～ STEP 5

❷ 依序思考談判狀況

❸ 模擬談判情況，進行沙盤推演

❹ 找出各步驟的答案及因應策略

❺ 發展出獨創且合理的談判風格

STEP 1

確認「目標」與「問題」

- 「短期目標」是什麼？
- 「長期目標」是什麼？

「終極目標」
是什麼？

「真正的問題」
是什麼？

Tips

談判開始前，再次思考「目標」與「問題」，避免白忙一場。

〔談判 Key Point〕

找出「真正的問題」與「解決方案」！

STEP 2

投入準備工作

- 整理人際關係
- 預測最壞的情形
- 再次確認資訊量

檢查準備工作
有無遺漏？

評估風險

Tips

掌握越多資訊，有利於建立合作關係。

〔談判 Key Point〕

「第三方」的人際關係，
也是獲取資訊的重要準備。

STEP 3

談判當下應該做什麼？

- 雙方的需求以及「預期的成果」是什麼？
- 對方現在的想法是什麼？
- 目前對方與自己的關係是否良好？

對方在想
些什麼？

如何使對方
開心？

Tips

我們必須抱持「百分之百的誠懇態度」。

〔談判 Key Point〕

謹記「徹底為對方付出」！

STEP 4

積極商討對策，確實執行

- 整理人際關係
- 談判後有什麼新點子？
- 我方的解決方案對於對方而言是否有難度？
- 有力的「第三方」是否存在？
- 是否有新提案？

腦力激盪，
寫下任何想法

接下來可以
做些什麼？

Tips

彙整多元的意見，更易找到因應措施。

〔談判 Key Point〕

仔細「整理」談判的過程。

STEP 5

簽約之後的持續追蹤

❶ 決定最佳方案
❷ 提出具體提案
❸ 確認期限
❹ 簽訂契約
❺ 簽約後的持續追蹤

採用「對方最方便」的方式

確實執行五大行動

Tips

採用「對方的方式」確立合作關係，進一步建立長久的信任感。

〔談判 Key Point〕

以實際行動表現，避免功虧一簣。

翻轉學　翻轉學系列 076

談判絕學

「世界談判之神」華頓商學院最受歡迎的教授【暢銷新裝版】

すごい交渉術

作　　者　豊福公平
譯　　者　賴祈昌
總 編 輯　何玉美
主　　編　林俊安
封面設計　張天薪
內文排版　許貴華

出版發行　采實文化事業股份有限公司
行銷企畫　陳佩宜・黃于庭・蔡雨庭・陳豫萱・黃安汝
業務發行　張世明・林踏欣・林坤蓉・王貞玉・張惠屏・吳冠瑩
國際版權　王俐雯・林冠妤
印務採購　曾玉霞
會計行政　王雅蕙・李韶婉・簡佩鈺
法律顧問　第一國際法律事務所　余淑杏律師
電子信箱　acme@acmebook.com.tw
采實官網　www.acmebook.com.tw
采實臉書　www.facebook.com/acmebook01

I S B N　978-986-507-422-7
定　　價　320 元
二版一刷　2022 年 1 月
劃撥帳號　50148859
劃撥戶名　采實文化事業股份有限公司
10457 台北市中山區南京東路二段 95 號 9 樓
電話：(02) 2511-9798　傳真：(02) 2571-3298

國家圖書館出版品預行編目資料

談判絕學：「世界談判之神」華頓商學院最受歡迎的教授【暢銷新裝版】/ 豊福公平著；賴祈昌譯 . – 台北市：采實文化，2022.1
208 面；17×23 公分 . --（翻轉學系列；76）
譯自：すごい交渉術
ISBN 978-986-507-422-7 (平裝)
1. 商業談判 2. 談判策略
490.17　110008007

廣	告	回	信
台北郵局登記證			
台北廣字第04401號			
免	貼	郵	票

采實文化 采實文化事業有限公司

104台北市中山區南京東路二段95號9樓

采實文化讀者服務部 收

讀者服務專線：02-2511-9798

談判絕學

【暢銷新裝版】

豐福公平——著

賴祈昌——譯

「世界談判之神」

華頓商學院最受歡迎的教授

すごい交渉術

翻轉學 系列專用回函

系列：翻轉學076
書名：談判絕學

讀者資料（本資料只供出版社內部建檔及寄送必要書訊使用）：

1. 姓名：
2. 性別：☐男　☐女
3. 出生年月日：民國　　　年　　　月　　　日（年齡：　　　歲）
4. 教育程度：☐大學以上　☐大學　☐專科　☐高中（職）　☐國中　☐國小以下（含國小）
5. 聯絡地址：
6. 聯絡電話：
7. 電子郵件信箱：
8. 是否願意收到出版物相關資料：☐願意　☐不願意

購書資訊：

1. 您在哪裡購買本書？☐金石堂（含金石堂網路書店）　☐誠品　☐何嘉仁　☐博客來　☐墊腳石　☐其他：＿＿＿＿＿＿＿＿（請寫書店名稱）
2. 購買本書日期是？＿＿年＿＿月＿＿日
3. 您從哪裡得到這本書的相關訊息？☐報紙廣告　☐雜誌　☐電視　☐廣播　☐親朋好友告知　☐逛書店看到☐別人送的　☐網路上看到
4. 什麼原因讓你購買本書？☐對主題感興趣　☐被書名吸引才買的　☐封面吸引人　☐內容好，想買回去做做看　☐其他：＿＿＿＿＿＿＿＿＿＿（請寫原因）
5. 看過書以後，您覺得本書的內容：☐很好　☐普通　☐差強人意　☐應再加強　☐不夠充實
6. 對這本書的整體包裝設計，您覺得：☐都很好　☐封面吸引人，但內頁編排有待加強　☐封面不夠吸引人，內頁編排很棒　☐封面和內頁編排都有待加強　☐封面和內頁編排都很差

寫下您對本書及出版社的建議：

1. 您最喜歡本書的特點：☐實用簡單　☐包裝設計　☐內容充實
2. 您最喜歡本書中的哪一個章節？原因是？

＿＿＿＿＿＿＿＿＿＿＿＿＿＿＿＿＿＿＿＿

＿＿＿＿＿＿＿＿＿＿＿＿＿＿＿＿＿＿＿＿

3. 您最想知道哪些關於自我啟發、職場工作的觀念？

＿＿＿＿＿＿＿＿＿＿＿＿＿＿＿＿＿＿＿＿

＿＿＿＿＿＿＿＿＿＿＿＿＿＿＿＿＿＿＿＿

4. 人際溝通、說話技巧、自我學習等，您希望我們出版哪一類型的商業書籍？

＿＿＿＿＿＿＿＿＿＿＿＿＿＿＿＿＿＿＿＿

＿＿＿＿＿＿＿＿＿＿＿＿＿＿＿＿＿＿＿＿

翻轉學

翻轉學

翻轉學

翻轉學